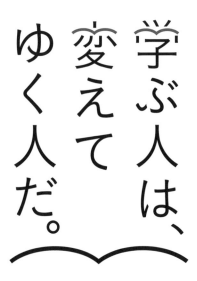

学ぶ人は、
変えて
ゆく人だ。

目の前にある問題はもちろん、

人生の問いや、

社会の課題を自ら見つけ、

挑み続ける人

「学

少しずつ世界は変えてゆける。

いつでも、どこでも、誰でも、

学ぶことができる世の中へ。

旺文社

直接書き込む

やさしい

数学Ⅱ ノート

［三訂版］

旺文社

本書の構成と特長

本書の **構成** は以下の通りです。

0 数学Ⅱを 67 の単元に分けました

◇ **教科書のまとめ**：学習するポイントをまとめました。
そのままヒントにもなり，整理にも活用できます。

例 考え方や解法がすぐにわかるシンプルな問題を取り上げました。

解 手本となる詳しい解答。ポイントを矢印で示し，答は**太字**で明示しました。

問 **例** とそっくりの問題を対応させました。

解 解き方を覚えられるように，書き込める空欄を配置しました。

練習 ▶ 例・問の類題。反復練習により，考え方，公式などの定着をはかります。

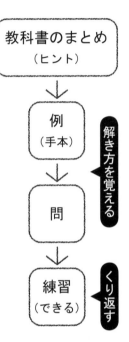

教科書のまとめ
（ヒント）
↓
例
（手本）
↓
問
↓
練習
（できる）

解き方を覚える
くり返す

別冊 考え方 数学的な考え方，方針やポイントを示しました。

解答 解けなくても理解できる詳しい解答を掲載しました。

本書の **特長** は以下の通りです。
① 直接書き込める，まとめ・問題付きノートです。
② 日常学習の予習・復習に最適です。
③ 教科書だけではたりない問題量を補うことで，基礎力がつき，苦手意識をなくします。
④ 数学の考え方や公式などを，やさしい問題をくり返し練習することで定着させます。
⑤ 解答欄の罫線つきの空きスペースに，解答を書けばノートがつくれます。
⑥ 見直せば，自分に何ができ，何ができないかを教えてくれる参考書となります。
⑦ これ一冊で，スタートできます。

　本書の特長である「**例** そっくりの **問** を解くこと」を通して，自信がつき，数学が好きになってもらえることを願っています。

本文デザイン：大貫としみ　図：蔦澤 治，（株）プレイン　執筆：酒井 琢，内津 知

も く じ

1 3次式の展開

乗法公式

① $(a+b)^3=a^3+3a^2b+3ab^2+b^3$,　$(a-b)^3=a^3-3a^2b+3ab^2-b^3$

② $(a+b)(a^2-ab+b^2)=a^3+b^3$,　$(a-b)(a^2+ab+b^2)=a^3-b^3$

例❶ 次の式を展開せよ。

(1)　$(x+1)^3$

(2)　$(2x-y)^3$

(3)　$(a-2)(a^2+2a+4)$

 (1)　$(x+1)^3$　　←公式①

$=x^3+3 \cdot x^2 \cdot 1+3 \cdot x \cdot 1^2+1^3$

$=x^3+3x^2+3x+1$

(2)　$(2x-y)^3$　　←$\underset{\sim\sim\sim}{(2x)^3}$ を $2x^3$ としない！

$=\underset{\sim\sim\sim}{(2x)^3}-3 \cdot (2x)^2 \cdot y$　←（　）が大事

$\qquad +3 \cdot (2x) \cdot y^2-y^3$

$=8x^3-12x^2y+6xy^2-y^3$

(3)　$(a-2)(a^2+2a+4)$　←公式②

$=a^3-2^3$

$=a^3-8$

問❶ 次の式を展開せよ。

(1)　$(x-2)^3$

(2)　$(a+3b)^3$

(3)　$(x+1)(x^2-x+1)$

 (1)　$(x-2)^3$

(2)　$(a+3b)^3$

(3)　$(x+1)(x^2-x+1)$

練習1　次の式を展開せよ。

(1)　$(x-3)^3$

(2)　$(a+2b)^3$

(3)　$(3x-2y)^3$

(4)　$(a+3)(a^2-3a+9)$

(5)　$(x-2y)(x^2+2xy+4y^2)$

(6)　$(2x+3y)(4x^2-6xy+9y^2)$

2 3次式の因数分解

 因数分解の公式

① $a^3+b^3=(a+b)(a^2-ab+b^2)$,　$a^3-b^3=(a-b)(a^2+ab+b^2)$

② $a^3+3a^2b+3ab^2+b^3=(a+b)^3$,　$a^3-3a^2b+3ab^2-b^3=(a-b)^3$

例2 次の式を因数分解せよ。

(1)　x^3-8

(2)　a^3+27b^3

(3)　$x^3+6x^2+12x+8$

(1)　$x^3-8=x^3-2^3$　　←$a=x$, $b=2$
　　　　　　　　　　　　として公式①を使う

$=(x-2)(x^2+x\cdot2+2^2)$

$=\boldsymbol{(x-2)(x^2+2x+4)}$

(2)　$a^3+27b^3=a^3+(3b)^3$

$=(a+3b)\{a^2-a\cdot3b+(3b)^2\}$

$=\boldsymbol{(a+3b)(a^2-3ab+9b^2)}$

(3)　$x^3+6x^2+12x+8$

$=x^3+3\cdot x^2\cdot2+3\cdot x\cdot2^2+2^3$　←公式②

$=\boldsymbol{(x+2)^3}$

問2 次の式を因数分解せよ。

(1)　a^3+1

(2)　$8x^3-27y^3$

(3)　a^3-3a^2+3a-1

解 (1)　a^3+1

(2)　$8x^3-27y^3$

(3)　a^3-3a^2+3a-1

練習2 次の式を因数分解せよ。

(1)　x^3+64

(2)　$8a^3-b^3$

(3)　$a^3+\dfrac{b^3}{8}$

(4)　$125a^3-27b^3$

(5)　$8a^3+12a^2+6a+1$

(6)　$x^3-9x^2y+27xy^2-27y^3$

3 二項定理（1）

◇ $(a+b)^n$ の展開式の係数

① パスカルの三角形

$(a+b)^n$ の展開式の係数を右図のように並べたもので，両端は 1，それ以外は左上の数と右上の数の和である。

$(a+b)^2=a^2+2ab+b^2$ ←係数は 1, 2, 1

$(a+b)^3=a^3+3ab^2+3a^2b+b^3$ ←係数は 1, 3, 3, 1

$(a+b)^4=a^4+4a^3b+6a^2b^2+4ab^3+b^4$ ←係数は 1, 4, 6, 4, 1

$(a+b)^1$　　1　　1

$(a+b)^2$　　1　　2　　1

$(a+b)^3$　　1　　3　　3　　1

$(a+b)^4$　1　　4　　6　　4　　1

$(a+b)^5$　1　　5　　10　　10　　5　　1

② 二項定理

$$(a+b)^n={}_nC_0a^n+{}_nC_1a^{n-1}b+{}_nC_2a^{n-2}b^2+\cdots$$
$$+{}_nC_ra^{n-r}b^r+\cdots+{}_nC_{n-1}ab^{n-1}+{}_nC_nb^n$$

↑これを**一般項**という

例3 (1) パスカルの三角形を利用して $(a+b)^5$ を展開せよ。

(2) $(x-3y)^7$ の展開式における x^4y^3 の係数を求めよ。

(1) 右上のパスカルの三角形から係数は順に 1, 5, 10, 10, 5, 1 である。

よって，

$(a+b)^5$

$=a^5+5a^4b+10a^3b^2+10a^2b^3+5ab^4+b^5$

(2) 一般項は

${}_7C_r\,x^{7-r}(-3y)^r$ ←$(ab)^n=a^nb^n$

$={}_7C_r\,x^{7-r}\cdot(-3)^ry^r$

$={}_7C_r(-3)^r\cdot x^{7-r}y^r$ ←係数は ${}_7C_r(-3)^r$

よって，x^4y^3 の係数は，$r=3$ として

${}_7C_3(-3)^3=35\times(-27)=\boldsymbol{-945}$

問3 (1) パスカルの三角形を利用して $(a+b)^6$ を展開せよ。

(2) $(x+2y)^6$ の展開式における x^2y^4 の係数を求めよ。

(1)

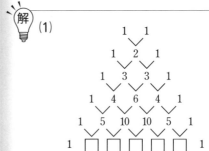

(2)

練習 3 ▶ 二項定理を用いて，次の式を展開せよ。

(1)　$(x+2y)^6$

(2)　$(3a-2b)^4$

練習 4 ▶ 次の各展開式における〔　〕内に示した項の係数を求めよ。

(1)　$(3x+4y)^5$　〔x^3y^2〕

(2)　$(2x-3y)^7$　〔x^4y^3〕

(3)　$(x^2-2y)^8$　〔$x^{10}y^3$〕

(4)　$(x+3y^2)^5$　〔x^3y^4〕

4 二項定理（2）

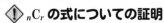

⬦ $_nC_r$ の式についての証明

$(1+x)^n=_nC_0+_nC_1x+_nC_2x^2+\cdots+_nC_nx^n$ の x に数値を代入する。

例④ 次の式を証明せよ。

$_nC_0+_nC_1+_nC_2+\cdots+_nC_n=2^n$

 $(1+x)^n$ を展開すると，

$(1+x)^n=_nC_0+_nC_1x+_nC_2x^2+\cdots$

$\cdots+_nC_{n-1}x^{n-1}+_nC_nx^n$

$x=1$ を代入すると，　← 左辺は $(1+1)^n=2^n$

$2^n=_nC_0+_nC_1+_nC_2+\cdots+_nC_n$

よって，$_nC_0+_nC_1+_nC_2+\cdots+_nC_n=2^n$

問④ 次の式を証明せよ。

$_nC_0-_nC_1+_nC_2-\cdots+(-1)^n{_nC_n}=0$

練習 5 次の式を証明せよ。

$_nC_0+2\cdot_nC_1+4\cdot_nC_2+\cdots+2^n\cdot_nC_n=3^n$

練習 6 $(x+3y-2z)^6$ の展開式における x^2yz^3 の係数を次のように求めよ。

(1) $A=x+3y$ とする。$(A-2z)^6$ の展開式における A^3z^3 の係数を求めよ。

---

(2) $A^3=(x+3y)^3$ の展開式における x^2y の係数を求めることにより，$(x+3y-2z)^6$ の展開式における x^2yz^3 の係数を求めよ。

5 整式の割り算

◇ **割り算を行う**

① 降べきの順に整理してから，割り算を行う

② $A \div B = Q$ 余り R のとき，$A = BQ + R$　（R の次数）＜（B の次数）

例⑤ 次の整式 A を整式 B で割った商と余りを求めよ。

$$A = x^2 + 8x + 9, \quad B = x + 2$$

 （解）

$$
\begin{array}{r}
x + 6 \\
x + 2 \overline{) x^2 + 8x + 9} \\
\underline{x^2 + 2x} \\
6x + 9 \\
\underline{6x + 12} \\
-3
\end{array}
$$

← $x + 6$

← x に何を掛けると x^2 か

← $x(x+2) = x^2 + 2x$

← x に何を掛けると $6x$ か

← $6(x+2) = 6x + 12$

← $9 - 12 = -3$

商 $x + 6$，余り -3

問⑤ 次の整式 A を整式 B で割った商と余りを求めよ。

$$A = x^2 - 5x + 8, \quad B = x - 3$$

 （解）

$$x - 3 \overline{) x^2 - 5x + 8}$$

練習 7 ▶ 次の整式 A を整式 B で割った商と余りを求めよ。

(1) $A = 2x^2 + x + 4, \quad B = x - 2$

(2) $A = -6 + 5x + x^3, \quad B = x^2 + x + 6$

練習 8 ▶ 整式 $A = x^3 + x^2 + 3x + 5$ を整式 B で割ると，商が $x + 2$，余りが $4x + 3$ である。B を求めよ。

6 分数式の計算

分数式の乗法・除法，加法・減法

① $\dfrac{A}{B} \times \dfrac{C}{D} = \dfrac{AC}{BD}$,　　$\dfrac{A}{B} \div \dfrac{C}{D} = \dfrac{A}{B} \times \dfrac{D}{C} = \dfrac{AD}{BC}$

← 割り算は÷の後ろを逆数にして掛ける！

② $\dfrac{A}{C} + \dfrac{B}{C} = \dfrac{A+B}{C}$,　　$\dfrac{A}{C} - \dfrac{B}{C} = \dfrac{A-B}{C}$

← 加法，減法は分母を同じにしてから行う
通分という

例6 次の計算をせよ。

(1) $\dfrac{x-1}{x^2+x} \div \dfrac{x-3}{x+1}$ 　(2) $\dfrac{2}{x+1} - \dfrac{1}{x+2}$

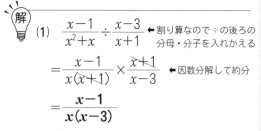

(1) $\dfrac{x-1}{x^2+x} \div \dfrac{x-3}{x+1}$ ← 割り算なので÷の後ろの
分母・分子を入れかえる

$= \dfrac{x-1}{x(x+1)} \times \dfrac{x+1}{x-3}$ ← 因数分解して約分

$= \dfrac{x-1}{x(x-3)}$

(2) $\dfrac{2}{x+1} - \dfrac{1}{x+2}$ ← ひき算なので分母を同じ
にしてから計算を行う

$= \dfrac{2(x+2)}{(x+1)(x+2)} - \dfrac{x+1}{(x+1)(x+2)}$

$= \dfrac{2x+4-x-1}{(x+1)(x+2)}$ ← 符号に注意！

$= \dfrac{x+3}{(x+1)(x+2)}$

問6 次の計算をせよ。

(1) $\dfrac{x+3}{x^2-2x} \times \dfrac{x-2}{x+1}$ 　(2) $\dfrac{1}{x+2} + \dfrac{3}{x-3}$

(1) $\dfrac{x+3}{x^2-2x} \times \dfrac{x-2}{x+1}$

(2) $\dfrac{1}{x+2} + \dfrac{3}{x-3}$

練習9 次の計算をせよ。

(1) $\dfrac{x-4}{x^2-3x} \times \dfrac{x-3}{x-2}$

(2) $\dfrac{x^2-11x+24}{x^2-6x-16} \div \dfrac{x^2-6x+9}{x^2+2x}$

(3) $\dfrac{1}{x-1} - \dfrac{1}{x+2}$

(4) $\dfrac{1}{x^2-x} + \dfrac{1}{x^2-3x+2}$

7 恒等式

> ⚠️ **係数を比較する**
>
> $ax^2+bx+c=a'x^2+b'x+c'$ が x についての恒等式 $\iff a=a',\ b=b',\ c=c'$

例⑦ 次の等式が x についての恒等式になるように，定数 a，b，c の値を定めよ。

$$a(x-1)^2+b(x-1)+c=2x^2-7x-1$$

 解 等式の左辺を x について整理すると，

$ax^2+(-2a+b)x+a-b+c$ ← $a(x-1)^2$ $=a(x^2-2x+1)$

$=2x^2-7x-1$ ← 係数を比較する

恒等式なので，両辺の係数を比べて，

$a=2,\ -2a+b=-7,\ a-b+c=-1$

これを解いて，

$$a=2,\ b=-3,\ c=-6$$

問⑦ 次の等式が x についての恒等式になるように，定数 a，b，c の値を定めよ。

$$a(x+1)^2+b(x+1)+c=2x^2+x+4$$

解

練習10 次の等式が x についての恒等式になるように，定数 a，b，c の値を定めよ。

(1) $a(x+2)^2+b(x+2)+c=x^2+x$

(2) $a(x+1)(x+2)+b(x+1)+c=x^2-x+3$

(3) $\dfrac{3x-5}{(x+1)(x-3)}=\dfrac{a}{x+1}+\dfrac{b}{x-3}$

ヒント 両辺に $(x+1)(x-3)$ を掛ける

8　等式の証明

◇ $A=B$ の証明，条件つきの等式の証明

$A=B$ の証明

①　A か B の一方を変形して，他方を導く

②　A，B をそれぞれ変形して同じ式を導く

③　$A-B$ を計算して，0 を導く

条件つきの等式の証明

●条件を用いて文字の数を減らす　●条件が比例式のときは，$\dfrac{a}{b}=\dfrac{c}{d}=k$ とおく

例 8 次の等式が成り立つことを示せ。

(1)　$(a^2+b^2)(x^2+y^2)$
　　$=(ax+by)^2+(ay-bx)^2$

(2)　$a+b+c=0$ のとき，
　　$a^2-b^2=bc-ac$

(3)　$\dfrac{a}{b}=\dfrac{c}{d}$ のとき，$\dfrac{a+b}{a-b}=\dfrac{c+d}{c-d}$

解

(1)　（左辺）$=a^2x^2+a^2y^2+b^2x^2+b^2y^2$

　　（右辺）$=(a^2x^2+2abxy+b^2y^2)$

　　　　　　$+(a^2y^2-2abxy+b^2x^2)$

$=a^2x^2+a^2y^2+b^2x^2+b^2y^2$ ←左辺と同じ順に！

両辺とも同じ式になるから，←②の証明法

$(a^2+b^2)(x^2+y^2)=(ax+by)^2+(ay-bx)^2$

(2)　$a+b+c=0$ より，$c=-a-b$
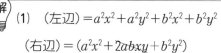
　　　　　　　↑条件を用いて c を消す

　　（右辺）$=(b-a)c=(b-a)(-a-b)$

　　$=-(b-a)(b+a)=-(b^2-a^2)=$（左辺）
　　　　　　　　　　　　↑①の証明法

よって，$a^2-b^2=bc-ac$

(3)　$\dfrac{a}{b}=\dfrac{c}{d}=k$ とおくと，

$a=bk,\ c=dk$ ←

　　（左辺）$=\dfrac{bk+b}{bk-b}=\dfrac{b(k+1)}{b(k-1)}=\dfrac{k+1}{k-1}$

　　（右辺）$=\dfrac{dk+d}{dk-d}=\dfrac{d(k+1)}{d(k-1)}=\dfrac{k+1}{k-1}$

よって，$\dfrac{a+b}{a-b}=\dfrac{c+d}{c-d}$ ←②の証明法

問 8 次の等式が成り立つことを示せ。

(1)　$(a^2-b^2)^2+(2ab)^2$
　　$=(a^2+b^2)^2$

(2)　$a+b+c=0$ のとき，
　　$b^2+ab=c^2+ac$

(3)　$\dfrac{a}{b}=\dfrac{c}{d}$ のとき，$\dfrac{ab}{a^2+b^2}=\dfrac{cd}{c^2+d^2}$

解　(1)

(2)

(3)

練習11 次の等式が成り立つことを示せ。

(1) $(x+y)^2-(x-y)^2=4xy$

(2) $(2a+b)^2+(a-2b)^2=5(a^2+b^2)$

(3) $(a^2-b^2)(x^2-y^2)=(ax+by)^2-(ay+bx)^2$

(4) $(x^2+1)(y^2+1)=(xy+1)^2+(x-y)^2$

練習12 $a+b+c=0$ のとき，$ab(a+b)+ac(a+c)+2abc=0$ が成り立つことを示せ。

練習13 $\dfrac{a}{b}=\dfrac{c}{d}$ のとき，$\dfrac{2a+c}{2b+d}=\dfrac{a}{b}$ が成り立つことを示せ。

9 不等式の証明

⚠️ **$A \geqq B$ の証明**

① $A-B$ を計算して，$A-B \geqq 0$ を導く

（（実数）$^2 \geqq 0$ の利用を考える）

② $A \geqq 0$，$B \geqq 0$ のときは，$A^2 \geqq B^2$ を示してもよい

例9 (1)　$a>1$，$b>1$ のとき，

$ab+1>a+b$ を証明せよ。

(2)　$x^2+7y^2 \geqq 4xy$ を証明せよ。

また，等号が成り立つのはどのようなときか。

(3)　$a>0$ のとき，$\sqrt{a+1}<\sqrt{a}+1$ を証明せよ。

問9 (1)　$a>2$，$b>2$ のとき，

$ab+4>2(a+b)$ を証明せよ。

(2)　$x^2+10y^2 \geqq 6xy$ を証明せよ。

また，等号が成り立つのはどのようなときか。

(3)　$a>0$ のとき，$\sqrt{a+4}<\sqrt{a}+2$ を証明せよ。

💡**解**　(1)　$(ab+1)-(a+b)$　←左辺－右辺

$=ab-a-b+1$

$=b(a-1)-(a-1)$　←$a-1$ が共通因数なのでくくる

$=(a-1)(b-1)>0$　←$a>1$ より $a-1>0$ $b>1$ より $b-1>0$

よって，$ab+1>a+b$

(2)　$x^2+7y^2-4xy=x^2-4xy+7y^2$　←$A-B$

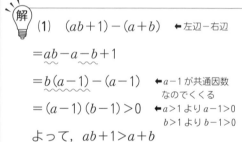
$=x^2-4xy+4y^2-4y^2+7y^2$

↑（　）^{2} をつくるために $4y^2$ をたして引く

$=(x-2y)^2+3y^2 \geqq 0$　←$(x-2y)^2 \geqq 0$，$3y^2 \geqq 0$

よって，$x^2+7y^2 \geqq 4xy$　←$A-B \geqq 0$ より $A \geqq B$

また，等号は $x-2y=0$ かつ $y=0$ のとき，つまり $x=y=0$ のとき成り立つ。

(3)　（右辺）^{2}－（左辺）^{2}

$=(a+2\sqrt{a}+1)-(a+1)$

$=2\sqrt{a}>0$　←$A^2-B^2>0$ より $A^2>B^2$

よって，$(\sqrt{a+1})^2<(\sqrt{a}+1)^2$

$a>0$ より，$\sqrt{a+1}>0$，

$\sqrt{a}+1>0$ であるから，←両辺とも正であるから2乗したものと大小関係は変わらない

$\sqrt{a+1}<\sqrt{a}+1$

💡**解**　(1)

(2)

(3)

練習14 次の不等式を証明せよ。また，(2)，(3)は等号が成り立つのはどのようなときか。

(1) $a>b,\ c>d$ のとき，$ac+bd>ad+bc$

(2) $x^2-2xy+3y^2\geqq 0$

(3) $x^2+y^2\geqq xy$

練習15 $a>0,\ b>0$ のとき，$\sqrt{a+b}<\sqrt{a}+\sqrt{b}$ を証明せよ。

10 相加平均と相乗平均

⚠ 相加平均と相乗平均の関係の利用

$a>0$，$b>0$ のとき　$\dfrac{a+b}{2} \geqq \sqrt{ab}$　　等号は $a=b$ のとき成り立つ

$\dfrac{a+b}{2}$ を相加平均，$\sqrt{ab}$ を相乗平均という。よって　（相加平均）$\geqq$（相乗平均）

例10 $a>0$ のとき，次の不等式が成り立つことを証明せよ。また，等号が成り立つのはどのようなときか。

$$a+\dfrac{9}{a} \geqq 6$$

 $a>0$ だから，$\dfrac{9}{a}>0$ である。よって，

相加平均と相乗平均の関係から，

$$a+\dfrac{9}{a} \geqq 2\sqrt{a \cdot \dfrac{9}{a}} = 6 \quad \leftarrow a+b \geqq 2\sqrt{ab} \text{ として}$$
利用している

等号は，$a=\dfrac{9}{a}$ つまり $a^2=9$

$a>0$ より **$a=3$** のとき成り立つ。

問10 $a>0$，$b>0$ のとき，次の不等式が成り立つことを証明せよ。また，等号が成り立つのはどのようなときか。

$$ab+\dfrac{4}{ab} \geqq 4$$

練習16 $a>0$，$b>0$ のとき，次の不等式が成り立つことを証明せよ。また，等号が成り立つのはどのようなときか。

(1)　$\dfrac{b}{a}+\dfrac{a}{b} \geqq 2$

(2)　$\left(1+\dfrac{b}{a}\right)\left(1+\dfrac{a}{b}\right) \geqq 4$

練習17 $x>0$ のとき，$x+\dfrac{4}{x}$ の最小値とそのときの x の値を求めよ。

ヒント $x+\dfrac{4}{x} \geqq \bigcirc$ ならば $\bigcirc$ が最小値である

11 複素数

⚠️ **虚数単位 i，複素数の計算**

虚数単位 i は $i^2=-1$ を満たす数

複素数の計算：a，b，c，d が実数のとき，

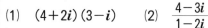
$a+bi$ 共役複素数 $a-bi$

① $(a+bi)+(c+di)=(a+c)+(b+d)i$　② $(a+bi)-(c+di)=(a-c)+(b-d)i$

③ $(a+bi)(c+di)=(ac-bd)+(ad+bc)i$　←展開して $i^2=-1$ を用いて i で整理

④ $\dfrac{c+di}{a+bi}=\dfrac{ac+bd}{a^2+b^2}+\dfrac{ad-bc}{a^2+b^2}i$　←分母，分子に $a-bi$（分母の共役複素数）を掛ける　$(a+bi)(a-bi)=a^2+b^2$

例11 次の計算をせよ。

(1) $(2-i)(3+4i)$　(2) $\dfrac{3-2i}{1+i}$

解

(1) $(2-i)(3+4i)$

$=6+8i-3i-4i^2$　←展開

$=6+5i-4\times(-1)$　←i^2 を -1 におきかえる

$=6+5i+4=\mathbf{10+5i}$

(2) $\dfrac{3-2i}{1+i}=\dfrac{(3-2i)(1-i)}{(1+i)(1-i)}$　←$1-i$ を分母，分子に掛ける

$=\dfrac{3-3i-2i+2i^2}{1-i^2}=\dfrac{3-5i+2\times(-1)}{1-(-1)}$　←i^2 を -1 におきかえる

$=\dfrac{1-5i}{2}=\mathbf{\dfrac{1}{2}-\dfrac{5}{2}i}$

問11 次の計算をせよ。

(1) $(4+2i)(3-i)$　(2) $\dfrac{4-3i}{1-2i}$

解

(1) $(4+2i)(3-i)$

(2) $\dfrac{4-3i}{1-2i}$

練習18 次の計算をせよ。

(1) $(5+4i)+(3-5i)$

(2) $(3-2i)-(6-i)$

(3) $(3+4i)(2-3i)$

(4) $(2-5i)(-1+3i)$

(5) $\dfrac{4-i}{1+2i}$

(6) $\dfrac{1+2i}{4+3i}$

第2章 複素数と方程式

12 負の数の平方根と2次方程式の解

⚠️ 負の数の平方根，2次方程式の解の公式

負の数の平方根：$a>0$ のとき，$-a$ の平方根は $\pm\sqrt{-a}=\pm\sqrt{a}\,i$

2次方程式 $ax^2+bx+c=0$ の解は，

$$x=\frac{-b\pm\sqrt{b^2-4ac}}{2a}$$

← $\sqrt{}$ の内部が負の数になれば i をつける
（$a>0$ のとき $\sqrt{-a}=\sqrt{a}\,i$）

例12 (1) $\sqrt{-9}\sqrt{-4}$ を計算せよ。

(2) 方程式 $2x^2+3x+4=0$ を解け。

💡**解** (1) $\sqrt{-9}\sqrt{-4}$ ← $\sqrt{-a}$ は $\sqrt{a}\,i$ に直す

$=\sqrt{9}\,i\times\sqrt{4}\,i=6i^2=-6$ ← i^2 を -1 におきかえる

（$\sqrt{-9}\sqrt{-4}=\sqrt{(-9)(-4)}=\sqrt{36}=6$ は誤り）

↑ $a<0$，$b<0$ のとき，$\sqrt{a}\sqrt{b}=\sqrt{ab}$ は成り立たない

(2) $x=\dfrac{-3\pm\sqrt{3^2-4\cdot2\cdot4}}{2\cdot2}$ ← 解の公式を利用

$=\dfrac{-3\pm\sqrt{-23}}{4}$ ← $3^2-4\cdot2\cdot4=9-32=-23$

$=\dfrac{-3\pm\sqrt{23}\,i}{4}$ ← $\sqrt{-a}=\sqrt{a}\,i$

問12 (1) $\sqrt{-32}\sqrt{-2}$ を計算せよ。

(2) 方程式 $x^2-x+1=0$ を解け。

💡**解** (1)

(2)

練習19 ▶ 次の式を計算せよ。

(1) $\dfrac{\sqrt{64}}{\sqrt{-4}}$

(2) $\dfrac{\sqrt{-3}}{\sqrt{2}}$

練習20 ▶ 次の方程式を解け。

(1) $x^2+x+2=0$

(2) $x^2+3x+5=0$

(3) $3x^2-2x+4=0$

(4) $2x^2-4x+3=0$

13　判別式

⚠ 2次方程式の解の種類を判別する（以下，係数は実数とする）

2次方程式 $ax^2+bx+c=0$ の解とその判別式 $D=b^2-4ac$ について，

① $D>0 \iff$ 異なる2つの実数解をもつ

② $D=0 \iff$ 重解（実数解）をもつ

③ $D<0 \iff$ 異なる2つの虚数解をもつ

> 実数解をもつ $\iff D \geqq 0$

練習21 次の2次方程式の解の判別をせよ。

(1) $2x^2+3x+5=0$

(2) $9x^2-6x+1=0$

(3) $x^2-4x-7=0$

(4) $4x^2-3x+2=0$

例13 2次方程式 $x^2+(m-2)x-m+5=0$ が重解をもつように，定数 m の値を定めよ。

 解　重解をもつのは　　←重解より$D=0$

$$D=(m-2)^2-4\cdot1\cdot(-m+5)=0$$

↑$a=1$, $b=m-2$, $c=-m+5$

のときである。つまり

$$m^2-4m+4+4m-20=0$$

$$m^2-16=0 \quad (m+4)(m-4)=0 \quad \begin{matrix}←m^2=16\\m=\pm4\\ としても\\よい\end{matrix}$$

よって，$m=\pm4$

問13 2次方程式 $x^2+(m+1)x+3m-2=0$ が重解をもつように，定数 m の値を定めよ。

解

練習22 次の2次方程式が異なる2つの実数解をもつように定数 m の値の範囲を定めよ。

(1) $x^2-5x+2-m=0$

(2) $x^2+(m-1)x-2m+2=0$

14 解と係数の関係（1）

解と係数の関係の利用

① 2次方程式 $ax^2+bx+c=0$ の2つの解を α, β とすると, $\alpha+\beta=-\dfrac{b}{a}$, $\alpha\beta=\dfrac{c}{a}$

② 対称式の利用 $\alpha^2+\beta^2=(\alpha+\beta)^2-2\alpha\beta$, $\alpha^3+\beta^3=(\alpha+\beta)^3-3\alpha\beta(\alpha+\beta)$

例14 2次方程式 $2x^2-6x+5=0$ の2つの解を α, β とするとき, 次の値を求めよ。

(1) $\alpha^2+\beta^2$　　　(2) $\alpha^3+\beta^3$

解と係数の関係より, ◀ $a=2$, $b=-6$, $c=5$

$$\alpha+\beta=-\frac{-6}{2}=3, \quad \alpha\beta=\frac{5}{2}$$

(1) $\alpha^2+\beta^2=(\alpha+\beta)^2-2\alpha\beta$ ← 対称式の利用

$$=3^2-2\cdot\frac{5}{2}=9-5=\mathbf{4}$$

(2) $\alpha^3+\beta^3=(\alpha+\beta)^3-3\alpha\beta(\alpha+\beta)$ ← 対称式の利用

$$=3^3-3\cdot\frac{5}{2}\cdot3=27-\frac{45}{2}=\mathbf{\frac{9}{2}}$$

問14 2次方程式 $x^2+2x+5=0$ の2つの解を α, β とするとき, 次の値を求めよ。

(1) $\alpha^2+\beta^2$　　　(2) $\dfrac{1}{\alpha}+\dfrac{1}{\beta}$

(1)

(2)

練習23 2次方程式 $2x^2-8x+5=0$ の2つの解を α, β とするとき, 次の値を求めよ。

(1) $\alpha^2+\beta^2$

(2) $\alpha^3+\beta^3$

練習24 2次方程式 $x^2-3x+7=0$ の2つの解を α, β とするとき, 次の値を求めよ。

(1) $(\alpha-2)(\beta-2)$

(2) $\alpha^2\beta+\alpha\beta^2$

(3) $(\alpha-\beta)^2$

(4) $\dfrac{1}{\alpha}+\dfrac{1}{\beta}$

15 解と係数の関係（2）

2次式の因数分解，解から2次方程式をつくる

① 2次方程式 $ax^2+bx+c=0$ の2つの解を α, β とすると
$$ax^2+bx+c=a(x-\alpha)(x-\beta)$$

② 2数 α, β を解とする2次方程式の1つは，
$$x^2-(\alpha+\beta)x+\alpha\beta=0 \quad \leftarrow (x-\alpha)(x-\beta)=0 \text{ の展開式}$$

例15 (1) x^2-2x+2 を複素数の範囲で因数分解せよ。

(2) 2次方程式 $x^2+3x-1=0$ の2つの解を α, β とするとき，$\alpha+1$, $\beta+1$ を解とする2次方程式を1つ作れ。

解

(1) $x^2-2x+2=0$ とすると，$x=1\pm i$

よって， $x=\dfrac{-(-2)\pm\sqrt{(-2)^2-4\cdot1\cdot2}}{2\cdot1}=\dfrac{2\pm2i}{2}$

$x^2-2x+2=\{x-(1+i)\}\{x-(1-i)\}$

$\qquad\qquad = (x-1-i)(x-1+i)$

(2) 解と係数の関係より，

$\alpha+\beta=-3$, $\alpha\beta=-1$

このとき，

$(\alpha+1)+(\beta+1)=(\alpha+\beta)+2=-1$

$(\alpha+1)(\beta+1)=\alpha\beta+(\alpha+\beta)+1=-3$

よって，$x^2+x-3=0$ $\leftarrow x^2-(\text{和})x+(\text{積})=0$
$\qquad\qquad\qquad\qquad \leftarrow =0$ を忘れない！

解と係数の関係

$\alpha+\beta=-\dfrac{b}{a}$

$\alpha\beta=\dfrac{c}{a}$

問15 (1) x^2+4x+6 を複素数の範囲で因数分解せよ。

(2) 2次方程式 $x^2-2x+5=0$ の2つの解を α, β とするとき，$\alpha-2$, $\beta-2$ を解とする2次方程式を1つ作れ。

解

(1)

(2)

練習25 次の2次式を複素数の範囲で因数分解せよ。

(1) x^2+2x-4

(2) $2x^2+x+3$

練習26 次の2数を解とする2次方程式を1つ作れ。

(1) -5, 4

(2) $3+i$, $3-i$

練習27 2次方程式 $2x^2+5x+4=0$ の2つの解を α, β とするとき，2α, 2β を解とする2次方程式を1つ作れ。

16　剰余の定理と因数定理

剰余の定理と因数定理の活用

① 剰余の定理：整式 $P(x)$ を $x-\alpha$ で割ったときの余りは $P(\alpha)$ に等しい。← $x-\alpha=0$ にする値を代入

② 因数定理：整式 $P(x)$ について，$P(\alpha)=0 \iff P(x)$ は $x-\alpha$ で割り切れる。

例16 (1)　$P(x)=x^3-2x+5$ を $x+2$ で割ったときの余りを求めよ。

(2)　$P(x)=2x^3+ax^2-x+6$ が $x-2$ で割り切れるように定数 a の値を定めよ。

(3)　$P(x)$ を $x-1$ で割ると 3 余り，$x+2$ で割ると -3 余るとき，$P(x)$ を $(x-1)(x+2)$ で割ったときの余りを求めよ。

解 (1)　剰余の定理より，余りは

$$P(-2)=(-2)^3-2\cdot(-2)+5$$
$$=-8+4+5=\mathbf{1}$$

(2)　因数定理より $P(2)=0$ であるから

$$2\cdot2^3+a\cdot2^2-2+6=0$$　↑割り切れるとは余りが0のこと

$$4a+20=0$$

よって，$a=\mathbf{-5}$

(3)　$P(x)$ を $(x-1)(x+2)$ で割った商を $Q(x)$，余りを $ax+b$ とおくと
↖2次式で割るから余りは1次以下の式

$$P(x)=(x-1)(x+2)Q(x)+ax+b\cdots(*)$$

剰余の定理より，

$$P(1)=3,\qquad P(-2)=-3$$
↑ $x=1$ を(*)に代入　↑ $x=-2$ を(*)に代入

であるから，　　$a+b=3$　　…①

$$-2a+b=-3 \quad …②$$

①，②より，$a=2$，$b=1$

よって，余りは $\mathbf{2x+1}$

問16 (1)　$P(x)=x^3-3x^2+4$ を $x-1$ で割ったときの余りを求めよ。

(2)　$P(x)=x^3+4x^2-ax+7$ が $x+1$ で割り切れるように定数 a の値を定めよ。

(3)　$P(x)$ を $x+1$ で割ると 5 余り，$x-2$ で割ると 2 余るとき，$P(x)$ を $(x+1)(x-2)$ で割ったときの余りを求めよ。

解 (1)

(2)

(3)

練習28 ▶ 次の整式 $P(x)$ を $Q(x)$ で割ったときの余りを求めよ。

(1) $P(x) = x^3 - 3x^2 + x + 4$, $Q(x) = x + 1$　　(2) $P(x) = x^3 + 2x^2 - 5x - 6$, $Q(x) = x - 2$

練習29 ▶ 次の $P(x)$ が $Q(x)$ で割り切れるように定数 a の値を定めよ。

(1) $P(x) = x^3 + ax^2 - 9x - 18$, $Q(x) = x - 3$　　(2) $P(x) = 2x^3 - x^2 - ax + 4$, $Q(x) = x + 2$

練習30 ▶ $P(x)$ を $x - 3$ で割ると -1 余り，$x + 2$ で割ると 4 余るとき，$P(x)$ を $x^2 - x - 6$ で割ったときの余りを求めよ。

第2章 複素数と方程式

17 高次方程式

高次方程式の解法

因数分解の公式や因数定理によって因数分解し，1次・2次方程式に帰着させて解く

① 因数分解の公式　$a^3+b^3=(a+b)(a^2-ab+b^2)$，　　$a^3-b^3=(a-b)(a^2+ab+b^2)$

② 因数定理　$P(\alpha)=0 \implies P(x)=(x-\alpha)Q(x)$

例17 次の方程式を解け。

(1) $x^3+27=0$　　(2) $x^3-3x^2+4=0$

解 (1) $(x+3)(x^2-3x+9)=0$　←$x^3+27=x^3+3^3$
$=(x+3)(x^2-3x+3^2)$

$x+3=0$ または $x^2-3x+9=0$　…①

①より $x=\dfrac{3\pm\sqrt{-27}}{2}$　←$\dfrac{-(-3)\pm\sqrt{(-3)^2-4\cdot1\cdot9}}{2}$

$\qquad =\dfrac{3\pm3\sqrt{3}\,i}{2}$　←$\sqrt{-27}=\sqrt{27}\,i$

よって，$x=-3,\ \dfrac{3\pm3\sqrt{3}\,i}{2}$

(2) $P(x)=x^3-3x^2+4$ とおく。

$P(-1)=-1-3+4=0$ なので，

$P(x)$ は $x+1$ で割り切れる。←因数定理

右の割り算から，

$(x+1)(x^2-4x+4)=0$

$(x+1)(x-2)^2=0$

$\quad x=-1,\ 2$

よって，$x=-1,\ 2$

$$\begin{array}{r}
x^2-4x+4 \\
x+1\,\overline{)\,x^3-3x^2+4} \\
\underline{x^3+x^2} \\
-4x^2 \\
\underline{-4x^2-4x} \\
4x+4 \\
\underline{4x+4} \\
0
\end{array}$$

問17 次の方程式を解け。

(1) $x^3-8=0$　　(2) $x^3-3x+2=0$

解 (1)

(2)

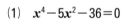

練習31 次の方程式を解け。

(1) $x^4-5x^2-36=0$

(2) $x^3-4x^2+x+6=0$

18 点の座標と距離

⚠️ 2点間の距離の公式の活用

① 数直線上の2点 $A(a)$，$B(b)$ 間の距離 AB は　　$AB=|b-a|$ ←大きい値から小さい値を引いたもの

② 座標平面上の2点 $A(x_1,\ y_1)$，$B(x_2,\ y_2)$ 間の距離 AB は

$$AB=\sqrt{(x_2-x_1)^2+(y_2-y_1)^2}$$

練習32 次の2点間の距離を求めよ。

(1)　$A(12)$，$B(4)$

(2)　$A(5)$，$B(-2)$

(3)　$A(1,\ 2)$，$B(3,\ 5)$

(4)　$A(-1,\ 3)$，$B(-5,\ 6)$

第3章 図形と方程式

例18 2点 $A(-1,\ 6)$，$B(x,\ 3)$ 間の距離が $\sqrt{34}$ であるとき，x の値を求めよ。

解

AB

$=\sqrt{\{x-(-1)\}^2+(3-6)^2}$ ← $\sqrt{(x_2-x_1)^2+(y_2-y_1)^2}$

$=\sqrt{x^2+2x+1+9}=\sqrt{x^2+2x+10}$

$AB=\sqrt{34}$ であるから，

$\sqrt{x^2+2x+10}=\sqrt{34}$

両辺を2乗しく，

$x^2+2x+10=34$ ← $\sqrt{}$ がはずれる

$x^2+2x-24=0$　$(x+6)(x-4)=0$

よって，$x=-6,\ 4$

問18 2点 $A(4,\ 0)$，$B(3,\ y)$ 間の距離が $\sqrt{10}$ であるとき，y の値を求めよ。

解

練習33 2点 $A(3,\ -1)$，$B(x,\ 2)$ 間の距離が5であるとき，x の値を求めよ。

練習34 2点 $A(-4,\ 1)$，$B(0,\ y)$ について $AB=5$ のとき，y の値を求めよ。

19 内分点・外分点の座標

◆内分点・外分点，三角形の重心の座標

① $A(x_1, y_1)$，$B(x_2, y_2)$ を結ぶ線分 AB を $m:n$ に内分する点 P の座標は

$$P\left(\frac{nx_1+mx_2}{m+n},\ \frac{ny_1+my_2}{m+n}\right)$$

←

$AP:PB=m:n$

特に，AB の中点 M の座標は　$M\left(\dfrac{x_1+x_2}{2},\ \dfrac{y_1+y_2}{2}\right)$　←中点は AB を $1:1$ に内分する点

② $A(x_1, y_1)$，$B(x_2, y_2)$ を結ぶ線分 AB を $m:n$ に外分する点 Q の座標は

$$Q\left(\frac{-nx_1+mx_2}{m-n},\ \frac{-ny_1+my_2}{m-n}\right)$$　←内分の公式において n を $-n$ にすればよい！

③ $A(x_1, y_1)$，$B(x_2, y_2)$，$C(x_3, y_3)$ を頂点とする $\triangle ABC$ の重心 G の座標は

$$G\left(\frac{x_1+x_2+x_3}{3},\ \frac{y_1+y_2+y_3}{3}\right)$$　←重心は 3 つの中線の交点

例19 (1)　A(5, 3)，B(−1, 9) を結ぶ線分 AB について，次の点の座標を求めよ。

(ⅰ)　2:1 に内分する点 P

(ⅱ)　2:1 に外分する点 Q

(2)　A(−1, 3)，B(2, 5)，C(5, 1) を頂点とする $\triangle ABC$ の重心 G の座標を求めよ。

(解)

(1)(ⅰ)　P の座標を (x, y) とすると，

$$x=\frac{1\times 5+2\times(-1)}{2+1}=\frac{5-2}{3}=1$$

←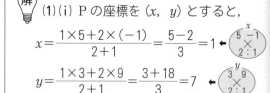

$$y=\frac{1\times 3+2\times 9}{2+1}=\frac{3+18}{3}=7$$

よって，**P(1, 7)**

(ⅱ)　Q の座標を (x, y) とすると，

$$x=\frac{-1\times 5+2\times(-1)}{2-1}=-7$$

←

$$y=\frac{-1\times 3+2\times 9}{2-1}=15$$

よって，**Q(−7, 15)**

(2)　G の座標を (x, y) とすると，

$$x=\frac{-1+2+5}{3}=2$$　←$\frac{x_1+x_2+x_3}{3}$

$$y=\frac{3+5+1}{3}=3$$　←$\frac{y_1+y_2+y_3}{3}$

よって，**G(2, 3)**

問19 (1)　A(−3, 4)，B(9, 8) を結ぶ線分 AB について，次の点の座標を求めよ。

(ⅰ)　1:3 に内分する点 P

(ⅱ)　1:3 に外分する点 Q

(2)　A(3, −2)，B(1, 7)，C(−1, 1) を頂点とする $\triangle ABC$ の重心 G の座標を求めよ。

(解)

(1)(ⅰ)

(ⅱ)

(2)

練習35 ▶ 次の点 A，B を結ぶ線分 AB について，(i), (ii) の点の座標をそれぞれ求めよ。

(1) A(2, 2)，B(8, −4)

(i) 中点 M

(ii) 2：1 に内分する点 P

(2) A(0, 3)，B(8, −1)

(i) 3：1 に内分する点 P

(ii) 3：1 に外分する点 Q

練習36 ▶ 2 点 A(−2, 4)，B(3, −5) と点 C を頂点とする △ABC の重心 G の座標が (3, −1) のとき，点 C の座標を求めよ。

練習37 ▶ 点 A(3, −2) に関して，点 P(1, 3) と対称な点 Q の座標を求めよ。

20　直線の方程式

◇ 直線の方程式を求める

① 点 $(x_1,\ y_1)$ を通り，傾き m の直線の方程式は　$y-y_1=m(x-x_1)$

② 異なる2点 $(x_1,\ y_1)$，$(x_2,\ y_2)$ を通る直線の方程式は

$$x_1 \neq x_2 \text{ のとき，}\quad y-y_1=\frac{y_2-y_1}{x_2-x_1}(x-x_1)\quad \leftarrow x\text{軸に垂直でない}$$

$\dfrac{y_2-y_1}{x_2-x_1}$ は傾きである

$$x_1 = x_2 \text{ のとき，}\quad x=x_1 \qquad\qquad \leftarrow x\text{軸に垂直である}$$

例20 次の直線の方程式を求めよ。

(1)　点 $(3,\ -4)$ を通り，傾き -2 の直線

(2)　2点 $(2,\ 6)$，$(4,\ 10)$ を通る直線

解 (1)　$y-(-4)=-2(x-3)$

$\qquad\qquad\qquad \leftarrow y-y_1=m(x-x_1)$

よって，$y=-2x+2$

(2)　$y-6=\dfrac{10-6}{4-2}(x-2)$ $\leftarrow y-y_1=\dfrac{y_2-y_1}{x_2-x_1}(x-x_1)$

$\qquad y-6=2x-4$ $\qquad \leftarrow y-10=\dfrac{10-6}{4-2}(x-4)$ でもよい

よって，$y=2x+2$

問20 次の直線の方程式を求めよ。

(1)　点 $(-5,\ 1)$ を通り，傾き 3 の直線

(2)　2点 $(2,\ 6)$，$(-1,\ -3)$ を通る直線

解 (1)

(2)

練習38　次の直線の方程式を求めよ。

(1)　点 $(-3,\ 0)$ を通り，傾き $\dfrac{1}{3}$ の直線

(2)　点 $(4,\ 5)$ を通り，傾き $-\dfrac{1}{2}$ の直線

(3)　2点 $(2,\ 2)$，$(4,\ 1)$ を通る直線

(4)　2点 $(-5,\ 4)$，$(-1,\ -4)$ を通る直線

(5)　2点 $(4,\ 2)$，$(4,\ -5)$ を通る直線

(6)　2点 $(-2,\ 1)$，$(5,\ 1)$ を通る直線

21 直線の平行と垂直（1）

⚠️ 平行・垂直条件により直線を求める

2直線 $y=m_1x+n_1$, $y=m_2x+n_2$ について，

2直線が平行 $\Longleftrightarrow m_1=m_2$，2直線が垂直 $\Longleftrightarrow m_1m_2=-1$

例21 点 $(2,\ 3)$ を通り，直線 $y=2x+5$ に平行および垂直な直線の方程式を求めよ。

解 （平行な直線）

求める直線の傾きは 2 なので，　← $m_1=m_2$

$$y-3=2(x-2)　\quad ← y-y_1=m(x-x_1)$$

$$\boldsymbol{y=2x-1}$$

（垂直な直線）

求める直線の傾き m は，

$2\cdot m=-1$ より，$m=-\dfrac{1}{2}$　← $m_1m_2=-1$

よって，$y-3=-\dfrac{1}{2}(x-2)$　← $y-y_1=m(x-x_1)$

$$\boldsymbol{y=-\dfrac{1}{2}x+4}$$

問21 点 $(-3,\ 5)$ を通り，直線 $y=-3x+1$ に平行および垂直な直線の方程式を求めよ。

解

第3章

図形と方程式

練習39 　点 $(-2,\ 1)$ を通り，次の直線に平行および垂直な直線の方程式を求めよ。

(1)　$y=x+5$

(2)　$y=-\dfrac{2}{3}x+1$

22 直線の平行と垂直 (2)

⚠ 直線に関する対称点

2 点 A，B が直線 l に関して対称 $\iff$
- ① 直線 AB と l は垂直
- ② 線分 AB の中点が l 上にある

例22 直線 $l : 2x - y - 5 = 0$ に関して，点 A$(6, 2)$ と対称な点 B の座標を求めよ。

 点 B の座標を (a, b) とする。

直線 l の傾きは 2 であるから ← $y = 2x - 5$

AB⊥l より，$2 \cdot \dfrac{b-2}{a-6} = -1$ ← ①傾きの積が -1

$\qquad a + 2b = 10$　…①

また，線分 AB の中点

$$\left(\frac{a+6}{2}, \frac{b+2}{2} \right)$$

が l 上にあるから　←②AB の中点が l 上

$\qquad 2 \cdot \dfrac{a+6}{2} - \dfrac{b+2}{2} - 5 = 0$

$\qquad\qquad b = 2a$　…②

①，②より，$a = 2$，$b = 4$

よって，**B$(2, 4)$**

問22 直線 $l : x - 3y + 1 = 0$ に関して，点 A$(3, -2)$ と対称な点 B の座標を求めよ。

練習40 2 点 A$(-3, 3)$，B$(2, 8)$ と直線 $l : y = 2x - 1$ について，次の問に答えよ。

(1) l に関して点 A と対称な点 C の座標を求めよ。

(2) 直線 BC の方程式を求めよ。

(3) l 上の点 P について，AP＋BP の値が最小となる点 P の座標を求めよ。

23 点と直線の距離

⚠️ 点と直線の距離の公式

点 P (x_1, y_1) と直線 $ax+by+c=0$ の距離 d は

$$d = \frac{|ax_1 + by_1 + c|}{\sqrt{a^2 + b^2}}$$ ← 点 P (x_1, y_1) から直線 $ax+bx+c=0$ におろした垂線の長さでもある

例23 点 $(2, -3)$ と直線 $3x+y-5=0$ の距離 d を求めよ。

 解

$$d = \frac{|3 \cdot 2 + 1 \cdot (-3) - 5|}{\sqrt{3^2 + 1^2}}$$ ← 公式に $a=3$, $b=1$, $c=-5$, $x_1=2$, $y_1=-3$ を代入する

$$= \frac{|-2|}{\sqrt{10}} = \frac{2}{\sqrt{10}}$$

$$= \frac{\sqrt{10}}{5}$$

問23 点 $(-1, 3)$ と直線 $2x-4y+9=0$ の距離 d を求めよ。

 解

練習41 次の点と直線の距離を求めよ。

(1) 原点，直線 $x+2y-5=0$

(2) 点 $(-2, 0)$，直線 $y=2x+3$

練習42 3点 A $(1, 5)$，B $(-2, 1)$，C $(2, -2)$ を頂点とする △ABC について，次のものを求めよ。

(1) 直線 AB の方程式

(2) 頂点 C と直線 AB の距離 d

(3) △ABC の面積 S

24　円の方程式 (1)

⚠ 円の方程式を求める

中心が $(a,\ b)$，半径が r の円の方程式は　$(x-a)^2+(y-b)^2=r^2$

特に，中心が原点，半径が r の円の方程式は　$x^2+y^2=r^2$

練習43　次の円の方程式を求めよ。

(1)　中心 $(1,\ 2)$，半径 3

(2)　中心 $(-3,\ 0)$，半径 $\sqrt{2}$

例24 次の円の方程式を求めよ。

(1)　中心が $C(1,\ 3)$ で点 $A(2,\ 4)$ を通る

(2)　2点 $A(-5,\ 0)$，$B(3,\ 6)$ を直径の両端とする

（解）(1)　円の半径 r は　←$r=AC$

$$r=\sqrt{(2-1)^2+(4-3)^2}$$

$$=\sqrt{1+1}=\sqrt{2}$$　← $\sqrt{(x_2-x_1)^2+(y_2-y_1)^2}$

よって，$(x-1)^2+(y-3)^2=2$

(2)　円の中心 C は AB の中点だから，

$$C:\left(\frac{-5+3}{2},\ \frac{0+6}{2}\right)$$ より，$(-1,\ 3)$

　← 中点の公式

半径は C と A の距離　←CB でも同じ

$$AC=\sqrt{\{-5-(-1)\}^2+(0-3)^2}$$

$$=\sqrt{16+9}=\sqrt{25}=5$$

よって，$(x+1)^2+(y-3)^2=25$

問24 次の円の方程式を求めよ。

(1)　中心が $C(-2,\ 1)$ で点 $A(-4,\ 4)$ を通る

(2)　2点 $A(5,\ 2)$，$B(3,\ -2)$ を直径の両端とする

（解）(1)

(2)

練習44　次の円の方程式を求めよ。

(1)　中心が原点で，点 $(4,\ -1)$ を通る

(2)　2点 $A(4,\ -2)$，$B(-6,\ -2)$ を直径の両端とする

25 円の方程式 (2)

⚠️ 円の方程式より中心と半径を求める

方程式 $x^2+y^2+lx+my+n=0$ は $(x-a)^2+(y-b)^2=r^2$ の形に変形できれば，中心 (a, b)，半径 r の円を表す。

$(\quad)^2$ をつくることは平方完成であり，2次関数の頂点を求めることと同様。

例25 方程式 $x^2+y^2-4x+6y+12=0$ はどのような図形を表すか。

 解

$(x^2-4x)+(y^2+6y)=-12$ ← x, y でまとめる

$x^2-4x+\boxed{4}+y^2+6y+\boxed{9}$

$=-12+\boxed{4}+\boxed{9}$ ← x, y の係数の半分の2乗を両辺に加える

$(x-2)^2+(y+3)^2=1$

よって，

中心 $(2, -3)$，半径 1 の円を表す。

問25 方程式 $x^2+y^2-2x-4y-4=0$ はどのような図形を表すか。

 解

練習45 ▶ 次の方程式はどのような図形を表すか。

(1) $x^2+y^2-8x=0$

(2) $x^2+y^2-4x+10y=7$

練習46 ▶ 3点 A$(3, 5)$，B$(2, -2)$，C$(-6, 2)$ を通る円について，次の問に答えよ。

(1) 円の方程式を $x^2+y^2+ax+by+c=0$ とおいて，a, b, c の値を求めよ。

(2) 円の中心の座標と半径を求めよ。

第3章 図形と方程式

26 円と直線

⬦ 円と直線の共有点，円の接線の方程式

① 円と直線の方程式を連立して y を消去→$ax^2+bx+c=0$ の判別式を D とする。
　円の中心と直線との距離を d，半径を r とする。

　　円と直線が2点で交わる　　⇔　$D>0$　⇔　$d<r$

　　　　　1点で接する　　　　⇔　$D=0$　⇔　$d=r$

　　　　　共有点をもたない　⇔　$D<0$　⇔　$d>r$

② 円 $x^2+y^2=r^2$ 上の点 $\mathrm{P}(x_0,\ y_0)$ における接線の方程式は

　　$x_0\,x+y_0\,y=r^2$

例26 (1)　円 $x^2+y^2=10$ と直線 $y=x-2$ との共有点の座標を求めよ。

(2)　円 $x^2+y^2=1$ と直線 $y=x+k$ が異なる2点で交わるような定数 k の値の範囲を求めよ。

(3)　円 $x^2+y^2=5$ 上の点 $(-1,\ 2)$ における接線の方程式を求めよ。

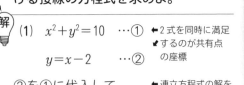

解 (1)　$x^2+y^2=10$　…①　←2式を同時に満足
　　　　　　　　　　　　　　　するのが共有点
　　　$y=x-2$　…②　　　　　の座標

②を①に代入して　　　←連立方程式の解を
　　　　　　　　　　　　　求める
$x^2+(x-2)^2=10$　　$x^2-2x-3=0$

$(x-3)(x+1)=0$　　$x=3,\ -1$

②より，$x=3$ のとき，$y=1$

　　　　　$x=-1$ のとき，$y=-3$

よって，$(3,\ 1)$，$(-1,\ -3)$

(2)　$x^2+y^2=1$　…③，$y=x+k$　…④

④を③に代入して　　　←1文字消去で
　　　　　　　　　　　　　判別式へ
　　$x^2+(x+k)^2=1$

　　$2x^2+2kx+(k^2-1)=0$

判別式を D とすると　　←2点で交わる条件
　　　　　　　　　　　　　は $D>0$
　　$D=(2k)^2-4\cdot2(k^2-1)>0$

よって，$k^2<2$　　←$k<\pm\sqrt{2}$ としないこと

ゆえに，$-\sqrt{2}<k<\sqrt{2}$

(3)　$-x+2y=5$　　←$x_0x+y_0y=r^2$

問26 (1)　円 $x^2+y^2=10$ と直線 $y=3x+10$ との共有点の座標を求めよ。

(2)　円 $x^2+y^2=9$ と直線 $y=2x+k$ が共有点をもたないような定数 k の値の範囲を求めよ。

(3)　円 $x^2+y^2=25$ 上の点 $(3,\ -4)$ における接線の方程式を求めよ。

解 (1)

(2)

(3)

練習47 円 $x^2+y^2=2$ と直線 $y=-x+k$ が接するような定数 k の値と接点の座標を求めよ。

練習48 点A $(5,\ 5)$ から円 $x^2+y^2=10$ に引いた接線を l とする。

(1) 接点の座標を $(a,\ b)$ とするとき，l の方程式を $a,\ b$ を用いて求めよ。

(2) 接点が円周上にあることと，点Aが l 上にあることから，$a,\ b$ の連立方程式を導き，$a,\ b$ の値を求めよ。

(3) l の方程式を求めよ。

練習49 直線 $y=x+k$ と円 $x^2+y^2=4$ の共有点の個数は定数 k の値によってどのように変わるか。

27　2つの円の位置関係

⚠️ **半径が r，r' $(r>r')$ で，中心間の距離が d である2円の位置関係**

一方が他方の外部　$d>r+r'$　　　　外接　$d=r+r'$

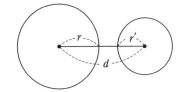 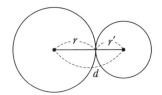

2点で交わる　$r-r'<d<r+r'$　　内接　$d=r-r'$　　一方が他方の内部　$d<r-r'$

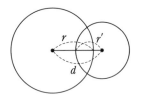 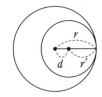 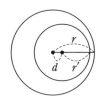

例27 (1)　中心が点 $(4, 3)$ で，円 $x^2+y^2=16$ に外接する円の方程式を求めよ。

(2)　中心が点 $(4, 3)$ で，円 $x^2+y^2=49$ に内接する円の方程式を求めよ。

問27 (1)　中心が点 $(-3, 6)$ で，円 $x^2+y^2=5$ に外接する円の方程式を求めよ。

(2)　中心が点 $(-3, 6)$ で，円 $x^2+y^2=80$ に内接する円の方程式を求めよ。

解 (1)　円 $x^2+y^2=16$ の半径は4である。

また，その中心 $(0, 0)$ と点 $(4, 3)$ の距離は $\sqrt{4^2+3^2}=5$ から，外接する円の半径は $5-4=1$ である。よって，その方程式は，$(x-4)^2+(y-3)^2=1$ ←$1^2=1$

(2)　円 $x^2+y^2=49$ の半径は7である。

また，その中心 $(0, 0)$ と点 $(4, 3)$ の距離は5から，内接する円の半径は $7-5=2$ である。よって，その方程式は，$(x-4)^2+(y-3)^2=4$ ←$2^2=4$

解 (1)

(2)

練習50 中心が点 $(7, -1)$ で，円 $x^2+y^2=2$ に接する円の方程式を求めよ。

28 軌 跡（1）

⚠️ 軌跡を求める①

求める軌跡上の点を (x, y) として，与えられた条件を満たす式をつくる。

求めた図形上の点 P が与えられた条件を満たすことを確める（省略する場合もある）。

例28 2 点 A$(-2, 4)$，B$(6, -2)$ に対して，条件 AP＝BP を満たす点 P の軌跡を求めよ。

解 点 P の座標を (x, y) とおく。

AP＝BP より AP^2＝BP^2 ←√ をとるために 2 乗

$$\{x-(-2)\}^2+(y-4)^2$$

$$=(x-6)^2+\{y-(-2)\}^2$$

$$x^2+4x+4+y^2-8y+16$$

$$=x^2-12x+36+y^2+4y+4$$

整理すると，$12y=16x-20$

$$y=\frac{4}{3}x-\frac{5}{3}$$

よって，P の軌跡は　**直線 $y=\dfrac{4}{3}x-\dfrac{5}{3}$**

問28 2 点 A$(1, 1)$，B$(4, 0)$ に対して，条件 AP＝BP を満たす点 P の軌跡を求めよ。

解

練習51 次の条件を満たす点 P の軌跡を求めよ。

(1) 2 点 A$(-1, 5)$，B$(7, -1)$ に対し，AP＝BP

(2) 2 点 A$(3, 1)$，B$(1, 2)$ に対し，AP^2－BP^2＝1

第3章 図形と方程式

29　軌　跡（2）

軌跡を求める②

アポロニウスの円

2点 A，B からの距離の比が $m:n$（$m \neq n$）になる点 P の軌跡をアポロニウスの円という。

$AP:BP=m:n$ より　$nAP=mBP$ となる条件式を用いる。

例29 2点 A$(-3,\ 0)$，B$(3,\ 0)$ に対して，AP：BP＝2：1 を満たす点 P の軌跡を求めよ。

解　点 P の座標を $(x,\ y)$ とする。

$AP:BP=2:1$ より，　$AP=2BP$　←$a:b=x:y$
$ay=bx$

両辺を 2 乗して，

$AP^2=4BP^2$　…①　←$\sqrt{}$ をとるために 2 乗

$AP^2=\{x-(-3)\}^2+y^2=x^2+6x+9+y^2$

$BP^2=(x-3)^2+y^2=x^2-6x+9+y^2$

を①に代入すると，

$x^2+6x+9+y^2=4(x^2-6x+9+y^2)$

$3x^2+3y^2-30x+27=0$

$x^2+y^2-10x+9=0$

$x^2-10x+25+y^2=-9+25$　← 例25 参照

$(x-5)^2+y^2=16$

よって，求める軌跡は，

中心 $(5,\ 0)$，半径 4 の円

問29 2点 A$(-2,\ 0)$，B$(6,\ 0)$ に対して，AP：BP＝3：1 を満たす点 P の軌跡を求めよ。

解

練習52　次の2点 A，B に対し AP：BP が（　）内の比になるような点 P の軌跡を求めよ。

(1)　A$(0,\ 0)$，B$(3,\ 0)$　（2：1）

(2)　A$(-2,\ 0)$，B$(1,\ 0)$　（1：2）

30 不等式の表す領域（1）

> **直線の上側・下側，円の内部・外部の図示**
>
> ① $y>ax+b$ の表す領域は，直線 $y=ax+b$ の上側の部分
>
> 　　$y<ax+b$ の表す領域は，直線 $y=ax+b$ の下側の部分
>
> ② $(x-a)^2+(y-b)^2<r^2$ の表す領域は　円 $(x-a)^2+(y-b)^2=r^2$ の内部
>
> 　　$(x-a)^2+(y-b)^2>r^2$ の表す領域は　円 $(x-a)^2+(y-b)^2=r^2$ の外部
>
> ③ 不等号 $>$，$<$ のときは，境界線は含まない。$\geqq$，$\leqq$ のときは境界線も含む。

第3章 図形と方程式

例30 次の不等式の表す領域を図示せよ。

(1) $y<2x-2$

(2) $(x-1)^2+(y+2)^2\leqq4$

（解）(1) 求める領域は，直線 $y=2x-2$ の下側である。

つまり，右の図の斜線部分で，境界線は含まない。

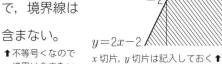

↑不等号 $<$ なので境界は含まない

$y=2x-2$

x 切片，y 切片は記入しておく↑

(2) 求める領域は，中心 $(1,-2)$，半径 2 の円の内部である。つまり，右の図の斜線部分で，境界線も含む。

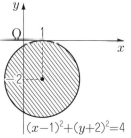

↑不等号 $\leqq$ なので境界も含む

$(x-1)^2+(y+2)^2=4$

中心の座標 $(1,-2)$ の明記↑

問30 次の不等式の表す領域を図示せよ。

(1) $y\geqq\dfrac{1}{2}x+1$

(2) $(x-3)^2+(y-1)^2>9$

（解）(1)

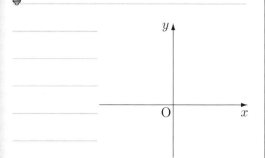

(2)

練習53 次の不等式の表す領域を図示せよ。

(1) $4x+3y+12<0$

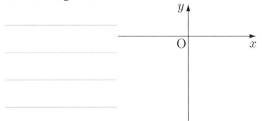

(2) $(x+2)^2+(y+1)^2\leqq4$

31 不等式の表す領域 (2)

連立不等式の表す領域の図示

連立不等式の表す領域は，各不等式の表す領域の共通部分

例31 次の連立不等式の表す領域を図示せよ。
$$\begin{cases} y < -x+1 & \cdots① \\ y > \dfrac{1}{3}x+1 & \cdots② \end{cases}$$

解　①の表す領域は，直線 $y=-x+1$ の下側の部分である。

　また，②の表す領域は，直線 $y=\dfrac{1}{3}x+1$ の上側の部分である。

　よって，同時に満たす領域は共通部分である。

　つまり，右の図の斜線が重なった部分で，境界線は含まない。

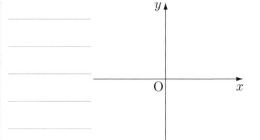

問31 次の連立不等式の表す領域を図示せよ。
$$\begin{cases} y \geqq x+1 & \cdots① \\ y \geqq -2x+4 & \cdots② \end{cases}$$

解

練習54 次の連立不等式の表す領域を図示せよ。

(1) $\begin{cases} x-y-2 \leqq 0 & \cdots① \\ 2x+y-2 \leqq 0 & \cdots② \end{cases}$

(2) $\begin{cases} y > -x+1 & \cdots① \\ x^2+y^2 < 25 & \cdots② \end{cases}$

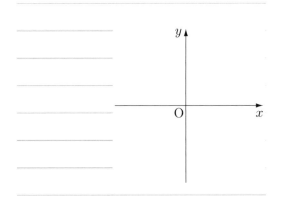

32 領域と最大・最小

⚠️ **連立不等式の表す領域における式の値の最大・最小**

式の値を k とおき，その表す図形が領域と共通部分をもつ k の値の範囲を求める。

例32 (1) 連立不等式
$$2x+y \leqq 8, \quad x+3y \leqq 9, \quad x \geqq 0, \quad y \geqq 0$$
の表す領域 D を図示せよ。

(2) 点 (x, y) が領域 D 内を動くとき，$x+y$ の最大値・最小値を求めよ。

解 (1) 2直線 $2x+y=8$, $x+3y=9$ および座標軸との交点の座標は下図のようになる。よって，領域 D は右図の斜線部分で境界線を含む。

(2) $x+y=k$ …① とおくと，$y=-x+k$ より，①は傾き -1，y 切片 k の直線を表す。直線①と領域 D が共有点をもつとき，k

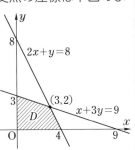

の値は，①が点 $(3, 2)$ を通るとき最大，点 $(0, 0)$ を通るとき最小となる。

よって，$x+y$ の最大値は $3+2=\mathbf{5}$
最小値は $0+0=\mathbf{0}$

問32 (1) 連立不等式
$$x+2y \leqq 8, \quad 3x+2y \leqq 12, \quad x \geqq 0, \quad y \geqq 0$$
の表す領域 D を図示せよ。

(2) 点 (x, y) が領域 D 内を動くとき，$x+y$ の最大値・最小値を求めよ。

解 (1)

(2)

練習55 ▶ x, y が不等式 $3x+y \leqq 15$, $3x+4y \leqq 24$, $x \geqq 0$, $y \geqq 0$ をすべて満たすとき，$x+2y$ の最大値を求めよ。

33 弧度法

⚠ 度数法と弧度法，扇形の弧の長さと面積

弧度法：半径1の扇形の弧の長さを中心角の大きさとする。

$$180° = \pi \text{ラジアン}, \quad 1° = \frac{\pi}{180}\text{ラジアン}, \quad 1\text{ラジアン} = \frac{180°}{\pi}$$

（弧度法の単位ラジアンは省略することが多い）

これに対し，従来の角度を表す方法を**度数法**という。

扇形の弧の長さと面積

半径 r，中心角 θ（ラジアン）の扇形の弧の長さを l，面積を S とすると

$$l = r\theta, \quad S = \frac{1}{2}rl = \frac{1}{2}r^2\theta$$

例33（1）　次の角を，度数は弧度に，弧度は度数に，それぞれ書き直せ。

（i）　60°　（ii）　$\frac{2}{3}\pi$

（2）　半径6，中心角 $\frac{2}{3}\pi$ の扇形の弧の長さ l と面積 S を求めよ。

（解）

（1）（i）　$60° = 60 \times \frac{\pi}{180} = \dfrac{\pi}{3}$ 　←$60 \times 1°$ $= 60 \times \frac{\pi}{180}$

（ii）　$\frac{2}{3}\pi = \frac{2}{3} \times 180° = \mathbf{120°}$ 　←$\pi = 180°$

（2）　$l = 6 \times \frac{2}{3}\pi = \mathbf{4\pi}$ 　←$l = r\theta$

$S = \frac{1}{2} \times 6^2 \times \frac{2}{3}\pi = \mathbf{12\pi}$ 　←$S = \frac{1}{2}r^2\theta$

問33（1）　次の角を，度数は弧度に，弧度は度数に，それぞれ書き直せ。

（i）　30°　（ii）　$\frac{5}{6}\pi$

（2）　半径4，中心角 $\frac{3}{4}\pi$ の扇形の弧の長さ l と面積 S を求めよ。

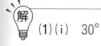

（解）

（1）（i）　30°

（ii）　$\frac{5}{6}\pi$

（2）

練習56　次の角を弧度法で表せ。

（1）　90°

（2）　225°

練習57　次の角を度数法で表せ。

（1）　$\frac{7}{6}\pi$

（2）　$\frac{5}{12}\pi$

練習58　半径8，中心角が 15° の扇形の弧の長さ l と面積 S を求めよ。

34 三角関数

⚠️ 三角関数の値を求める

① 右の円において

$$\sin\theta = \frac{y}{r}, \quad \cos\theta = \frac{x}{r}, \quad \tan\theta = \frac{y}{x}$$

② 三角関数の値の符号と角 θ の関係は以下のようになる。

  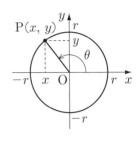

例34 $\sin\dfrac{2}{3}\pi$, $\cos\dfrac{2}{3}\pi$, $\tan\dfrac{2}{3}\pi$ の値を求めよ。

解 下の図の円で半径 $r=2$ とすると，

P の座標は $(-1,\ \sqrt{3})$ である。　$\dfrac{2}{3}\pi = 120°$➡

よって，

$$\sin\frac{2}{3}\pi = \frac{\sqrt{3}}{2}$$

$$\cos\frac{2}{3}\pi = \frac{-1}{2} = -\frac{1}{2}$$

$$\tan\frac{2}{3}\pi = \frac{\sqrt{3}}{-1} = -\sqrt{3}$$

問34 $\sin\dfrac{5}{4}\pi$, $\cos\dfrac{5}{4}\pi$, $\tan\dfrac{5}{4}\pi$ の値を求めよ。

解

練習59 次の角 θ に対して，$\sin\theta$, $\cos\theta$, $\tan\theta$ の値を求めよ。

(1) $\theta = \dfrac{5}{6}\pi$

(2) $\theta = \dfrac{4}{3}\pi$

第4章
三角関数

35 三角関数の相互関係

⚠ $\sin\theta$, $\cos\theta$, $\tan\theta$ の間の関係式

① $\tan\theta=\dfrac{\sin\theta}{\cos\theta}$ 　　② $\sin^2\theta+\cos^2\theta=1$ 　　③ $1+\tan^2\theta=\dfrac{1}{\cos^2\theta}$

例35 (1) θ が第4象限の角で，

$\cos\theta=\dfrac{2}{3}$ のとき，$\sin\theta$，$\tan\theta$ の

値を求めよ。

(2) θ が第3象限の角で，$\tan\theta=3$ の

とき，$\sin\theta$，$\cos\theta$ の値を求めよ。

(3) $\sin\theta+\cos\theta=\dfrac{1}{\sqrt{3}}$ のとき，

$\sin\theta\cos\theta$ の値を求めよ。

問35 (1) θ が第3象限の角で，

$\sin\theta=-\dfrac{\sqrt{7}}{4}$ のとき，$\cos\theta$，$\tan\theta$

の値を求めよ。

(2) θ が第4象限の角で，$\tan\theta=-\sqrt{5}$

のとき，$\sin\theta$，$\cos\theta$ の値を求めよ。

(3) $\sin\theta+\cos\theta=-\dfrac{1}{3}$ のとき，

$\sin\theta\cos\theta$ の値を求めよ。

💡**解** (1) $\sin^2\theta=1-\cos^2\theta$ ← $\sin^2\theta+\cos^2\theta=1$ より，$\sin^2\theta=1-\cos^2\theta$，

$=1-\left(\dfrac{2}{3}\right)^2=1-\dfrac{4}{9}=\dfrac{5}{9}$

θ は第4象限の角なので，$\sin\theta<0$ ←

よって，$\sin\theta=-\sqrt{\dfrac{5}{9}}=-\dfrac{\sqrt{5}}{3}$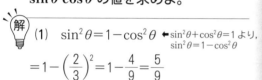

また，$\tan\theta=\dfrac{\sin\theta}{\cos\theta}=-\dfrac{\sqrt{5}}{3}\div\dfrac{2}{3}=-\dfrac{\sqrt{5}}{2}$

(2) $1+\tan^2\theta=\dfrac{1}{\cos^2\theta}$ より，

$\dfrac{1}{\cos^2\theta}=1+3^2=10$ 　$\cos^2\theta=\dfrac{1}{10}$

θ は第3象限の角なので，$\cos\theta<0$

よって，

$\cos\theta=-\sqrt{\dfrac{1}{10}}=-\dfrac{\sqrt{10}}{10}$

また，$\sin\theta=\tan\theta\times\cos\theta=-\dfrac{3\sqrt{10}}{10}$

(3) $(\sin\theta+\cos\theta)^2=\left(\dfrac{1}{\sqrt{3}}\right)^2$ から

$\sin^2\theta+2\sin\theta\cos\theta+\cos^2\theta=\dfrac{1}{3}$

したがって $1+2\sin\theta\cos\theta=\dfrac{1}{3}$

よって，$\sin\theta\cos\theta=-\dfrac{1}{3}$

💡**解** (1)

(2)

(3)

練習60 角 θ が次の条件を満たすとき，他の 2 つの三角関数の値を求めよ。

(1) θ は第 2 象限の角で，$\sin\theta = \dfrac{4}{5}$

(2) θ は第 4 象限の角で，$\sin\theta = -\dfrac{\sqrt{11}}{6}$

(3) θ は第 1 象限の角で，$\cos\theta = \dfrac{\sqrt{10}}{4}$

(4) θ は第 3 象限の角で，$\cos\theta = -\dfrac{1}{3}$

(5) θ は第 2 象限の角で，$\tan\theta = -\dfrac{3}{2}$

(6) θ は第 1 象限の角で，$\tan\theta = \dfrac{3}{4}$

練習61 $\sin\theta - \cos\theta = \dfrac{1}{2}$ のとき，次の値を求めよ。

(1) $\sin\theta\cos\theta$

(2) $\tan\theta + \dfrac{1}{\tan\theta}$

36 三角方程式，三角不等式

⚠ 三角方程式を解く

$\sin\theta = k$

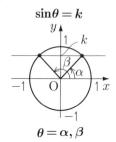

$$\theta = \alpha, \beta$$

↑ $\sin\theta=k$ のとき，直線 $y=k$ で単位円を切る

$\cos\theta = k$

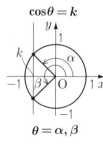

$$\theta = \alpha, \beta$$

↑ $\cos\theta=k$ のとき，直線 $x=k$ で単位円を切る

$\tan\theta = k$

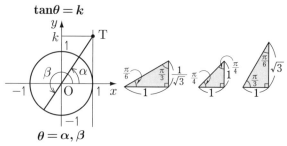

$$\theta = \alpha, \beta$$

↑ $\tan\theta=k$ のとき，直線 $x=1$ 上の点 T $(1, k)$ と原点 O を結ぶ

例36 $0 \leqq \theta < 2\pi$ のとき，次の方程式・不等式を解け。

(1) $\sin\theta = -\dfrac{1}{2}$

(2) $\sin\theta \leqq -\dfrac{1}{2}$

(3) $\tan\theta = 1$

(1) 右の図において，

直線 $y=-\dfrac{1}{2}$ をとると，

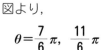

図より，

$$\theta = \frac{7}{6}\pi, \ \frac{11}{6}\pi$$

をあてはめる

(2) 上図において，領域

$y \leqq -\dfrac{1}{2}$ に含まれる単

位円を考えると，$\dfrac{7}{6}\pi \leqq \theta \leqq \dfrac{11}{6}\pi$

(3) 下の図において，点 T$(1, 1)$ をとると，

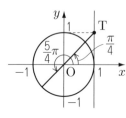

をあてはめる

$$\theta = \frac{\pi}{4}, \ \frac{5}{4}\pi$$

問36 $0 \leqq \theta < 2\pi$ のとき，次の方程式・不等式を解け。

(1) $\cos\theta = \dfrac{\sqrt{3}}{2}$

(2) $\cos\theta < \dfrac{\sqrt{3}}{2}$

(3) $\tan\theta = -\sqrt{3}$

(1)

(2)

(3)

練習62 ▶ $0 \leq \theta < 2\pi$ のとき，次の方程式・不等式を解け。

(1) $\sin\theta = \dfrac{1}{\sqrt{2}}$

(2) $\sin\theta < \dfrac{1}{\sqrt{2}}$

(3) $\cos\theta = \dfrac{1}{2}$

(4) $\cos\theta \geqq \dfrac{1}{2}$

(5) $\sqrt{2}\cos\theta + 1 = 0$

(6) $\sqrt{2}\cos\theta + 1 < 0$

(7) $2\sin\theta - \sqrt{3} = 0$

(8) $2\sin\theta - \sqrt{3} \geqq 0$

(9) $\tan\theta = \dfrac{1}{\sqrt{3}}$

(10) $\tan\theta = -1$

第4章

三角関数

37 三角関数のグラフ

⚠ 三角関数のグラフ

① $y = \sin\theta$ と $y = \cos\theta$ のグラフ　周期 2π, $-1 \le y \le 1$　　$y = \tan\theta$ のグラフ　周期 π

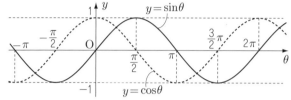
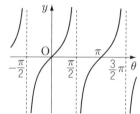

② $y = a\sin\theta$ のグラフは $y = \sin\theta$ のグラフを θ 軸を
もとにして **y 軸方向に a 倍に拡大・縮小**したもの。**周期は変わらない。**

③ $y = \sin(\theta - p)$ のグラフは $y = \sin\theta$ のグラフを **θ 軸方向に p だけ平行移動**したもの。
周期は変わらない。

④ $y = \sin k\theta$ のグラフは $y = \sin\theta$ のグラフを y 軸をもとにして **θ 軸方向に $\dfrac{1}{k}$ 倍に拡**

大・縮小したもの。**周期は $\dfrac{1}{k}$ 倍になる。**

例37 次の関数のグラフをかけ。

(1) $y = 2\sin\theta$　　(2) $y = \tan\left(\theta - \dfrac{\pi}{4}\right)$

(3) $y = \cos 2\theta$

解 (1) $y = \sin\theta$ のグラフを y 軸方向に 2
倍に拡大したものである。

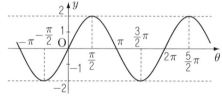

(2) $y = \tan\theta$ のグラフを θ 軸方向に $\dfrac{\pi}{4}$
平行移動したものである。

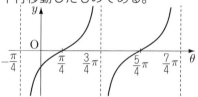

(3) $y = \cos\theta$ のグラフを θ 軸方向に $\dfrac{1}{2}$
倍に縮小したものである。

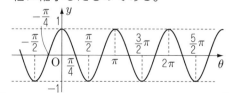

問37 次の関数のグラフをかけ。

(1) $y = 3\cos\theta$　　(2) $y = \sin\left(\theta + \dfrac{\pi}{4}\right)$

(3) $y = \tan 2\theta$

解 (1)

(2)

(3)

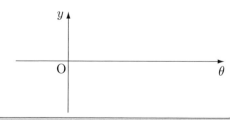

練習63 次の関数の周期を求め，グラフをかけ。

(1) $y = \dfrac{1}{2}\sin\theta$

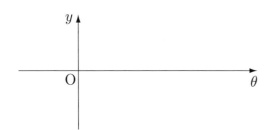

(2) $y = \tan\left(\theta + \dfrac{\pi}{2}\right)$

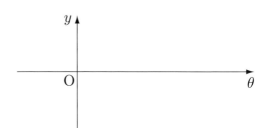

(3) $y = \cos 4\theta$

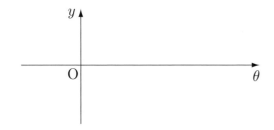

(4) $y = \sin\left(\theta - \dfrac{\pi}{3}\right)$

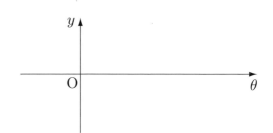

(5) $y = \tan\dfrac{\theta}{2}$

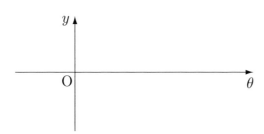

(6) $y = 2\sin\theta + 1$

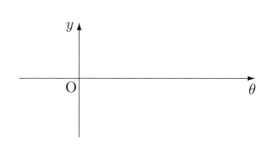

第4章

三角関数

38 加法定理（1）

⚠️ **加法定理**

$$\sin(\alpha+\beta)=\sin\alpha\cos\beta+\cos\alpha\sin\beta, \quad \sin(\alpha-\beta)=\sin\alpha\cos\beta-\cos\alpha\sin\beta$$
$$\cos(\alpha+\beta)=\cos\alpha\cos\beta-\sin\alpha\sin\beta, \quad \cos(\alpha-\beta)=\cos\alpha\cos\beta+\sin\alpha\sin\beta$$
$$\tan(\alpha+\beta)=\frac{\tan\alpha+\tan\beta}{1-\tan\alpha\tan\beta}, \quad \tan(\alpha-\beta)=\frac{\tan\alpha-\tan\beta}{1+\tan\alpha\tan\beta}$$

例38 加法定理を用いて次の値を求めよ。

(1) $\sin 75°$　　(2) $\cos 105°$

(3) $\tan(-15°)$

解

(1) $\sin 75°=\sin(30°+45°)$　←$\begin{cases}\alpha=30° \\ \beta=45°\end{cases}$

$=\sin 30°\cos 45°+\cos 30°\sin 45°$

$=\dfrac{1}{2}\times\dfrac{\sqrt{2}}{2}+\dfrac{\sqrt{3}}{2}\times\dfrac{\sqrt{2}}{2}=\dfrac{\sqrt{2}+\sqrt{6}}{4}$

(2) $\cos 105°=\cos(45°+60°)$　←$\begin{cases}\alpha=45° \\ \beta=60°\end{cases}$

$=\cos 45°\cos 60°-\sin 45°\sin 60°$

$=\dfrac{\sqrt{2}}{2}\times\dfrac{1}{2}-\dfrac{\sqrt{2}}{2}\times\dfrac{\sqrt{3}}{2}=\dfrac{\sqrt{2}-\sqrt{6}}{4}$

(3) $\tan(-15°)=\tan(30°-45°)$　$\begin{cases}\alpha=30° \\ \beta=45°\end{cases}$

$=\dfrac{\tan 30°-\tan 45°}{1+\tan 30°\tan 45°}=\dfrac{\dfrac{1}{\sqrt{3}}-1}{1+\dfrac{1}{\sqrt{3}}\times 1}$

分母・分子に $\sqrt{3}$ を掛ける➡

$=\dfrac{1-\sqrt{3}}{1+\sqrt{3}}=\dfrac{(1-\sqrt{3})^2}{(1+\sqrt{3})(1-\sqrt{3})}$　←有理化

$=\dfrac{1-2\sqrt{3}+3}{1-3}=\sqrt{3}-2$

問38 加法定理を用いて次の値を求めよ。

(1) $\sin 105°$　　(2) $\cos 15°$

(3) $\tan 75°$

解

(1) $\sin 105°$

(2) $\cos 15°$

(3) $\tan 75°$

練習64 加法定理を用いて，次の値を求めよ。

(1) $\sin(-15°)$

(2) $\cos 75°$

39 加法定理（2）

例39 α が第 1 象限の角，β が第 2 象限の角で $\sin\alpha=\dfrac{3}{5}$，$\sin\beta=\dfrac{3}{4}$ のとき，$\sin(\alpha+\beta)$，$\cos(\alpha+\beta)$ の値を求めよ。

解

$$\overset{\sin^2\alpha+\cos^2\alpha=1}{\cos^2\alpha=1-\sin^2\alpha=1-\left(\frac{3}{5}\right)^2=\frac{16}{25}}$$

$$\cos^2\beta=1-\sin^2\beta=1-\left(\frac{3}{4}\right)^2=\frac{7}{16}$$

$\underset{\sin^2\beta+\cos^2\beta=1}{}$

α が第 1 象限，β が第 2 象限の角なので，

$\cos\alpha>0$，$\cos\beta<0$ だから，

$$\cos\alpha=\frac{4}{5}\quad\cos\beta=-\frac{\sqrt{7}}{4}$$

よって，

$\downarrow$ 加法定理

$$\sin(\alpha+\beta)=\sin\alpha\cos\beta+\cos\alpha\sin\beta$$

$$=\frac{3}{5}\times\left(-\frac{\sqrt{7}}{4}\right)+\frac{4}{5}\times\frac{3}{4}=\frac{-3\sqrt{7}+12}{20}$$

$$\cos(\alpha+\beta)=\cos\alpha\cos\beta-\sin\alpha\sin\beta$$

$$=\frac{4}{5}\times\left(-\frac{\sqrt{7}}{4}\right)-\frac{3}{5}\times\frac{3}{4}$$

$$=-\frac{4\sqrt{7}+9}{20}\quad\leftarrow\frac{-4\sqrt{7}-9}{20}$$

問39 α が第 2 象限の角，β が第 1 象限の角で，$\cos\alpha=-\dfrac{1}{3}$，$\cos\beta=\dfrac{\sqrt{5}}{3}$ のとき，$\sin(\alpha-\beta)$，$\cos(\alpha-\beta)$ の値を求めよ。

解

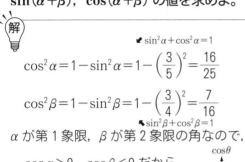

第 4 章

三角関数

練習65 α，β がともに第 2 象限の角で，$\sin\alpha=\dfrac{4}{5}$，$\sin\beta=\dfrac{5}{13}$ のとき，$\sin(\alpha+\beta)$，$\cos(\alpha-\beta)$ を求めよ。

40　2倍角の公式

⚠ 2倍角の公式

$\sin 2\alpha = 2 \sin \alpha \cos \alpha$ ← 加法定理において $\beta = \alpha$ として導く

$\cos 2\alpha = \cos^2 \alpha - \sin^2 \alpha = 2\cos^2 \alpha - 1 = 1 - 2\sin^2 \alpha$ ← $\cos^2 \alpha = 1 - \sin^2 \alpha$, $\sin^2 \alpha = 1 - \cos^2 \alpha$

例40 α が第2象限の角で，$\sin \alpha = \dfrac{5}{7}$ のとき，$\sin 2\alpha$，$\cos 2\alpha$ の値を求めよ。

解

$\cos^2 \alpha = 1 - \sin^2 \alpha$ ← $\sin^2 \alpha + \cos^2 \alpha = 1$

$= 1 - \left(\dfrac{5}{7}\right)^2 = \dfrac{24}{49}$

α は第2象限の角だから，

$\cos \alpha < 0$ より $\cos \alpha = -\dfrac{2\sqrt{6}}{7}$ ← $\sqrt{24} = 2\sqrt{6}$

よって，$\sin 2\alpha = 2 \sin \alpha \cos \alpha$

$= 2 \times \dfrac{5}{7} \times \left(-\dfrac{2\sqrt{6}}{7}\right) = -\dfrac{20\sqrt{6}}{49}$

$\cos 2\alpha = 1 - 2\sin^2 \alpha$

$= 1 - 2 \times \left(\dfrac{5}{7}\right)^2 = -\dfrac{1}{49}$

問40 α が第4象限の角で，$\cos \alpha = \dfrac{3}{4}$ のとき，$\sin 2\alpha$，$\cos 2\alpha$ の値を求めよ。

解

練習66 α が第3象限の角で，$\sin \alpha = -\dfrac{2\sqrt{2}}{3}$ のとき，$\sin 2\alpha$，$\cos 2\alpha$ の値を求めよ。

練習67 α が第1象限の角で，$\cos \alpha = \dfrac{12}{13}$ のとき，$\sin 2\alpha$，$\cos 2\alpha$ の値を求めよ。

41 三角関数の合成

⚠️ 三角関数の合成

$$a\sin\theta + b\cos\theta = \sqrt{a^2+b^2}\,\sin(\theta+\alpha)$$

ただし，$\sin\alpha = \dfrac{b}{\sqrt{a^2+b^2}}$，$\cos\alpha = \dfrac{a}{\sqrt{a^2+b^2}}$

（αは右図のように，$\sin\theta$と$\cos\theta$の係数をそれぞれx，y座標とする点$P(a,\ b)$をとると，線分OPがx軸の正の向きとなす角になる）

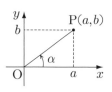

例41 $\sin\theta + \sqrt{3}\cos\theta$ を $r\sin(\theta+\alpha)$ の形にせよ。

　　ただし，$r>0$，$-\pi<\alpha<\pi$ とする。

 解 $P(1,\ \sqrt{3})$ とすると　←$\sin\theta$の係数は1
　　　　　　　　　　　　　　　　　$\cos\theta$の係数は$\sqrt{3}$

線分 OP が x 軸となす角は

$\dfrac{\pi}{3}$ であるから　←$\alpha=\dfrac{\pi}{3}$

$\sin\theta + \sqrt{3}\cos\theta$

$=\sqrt{1^2+(\sqrt{3})^2}\,\sin\left(\theta+\dfrac{\pi}{3}\right)$

$=2\sin\left(\theta+\dfrac{\pi}{3}\right)$　↖$\sqrt{a^2+b^2}\,\sin(\theta+\alpha)$

問41 $\sqrt{3}\sin\theta - \cos\theta$ を $r\sin(\theta+\alpha)$ の形にせよ。

　　ただし，$r>0$，$-\pi<\alpha<\pi$ とする。

 解

練習68 次の式を $r\sin(\theta+\alpha)$ の形にせよ。ただし，$r>0$，$-\pi<\alpha<\pi$ とする。
また，$0\leqq\theta<2\pi$ のとき，最大値・最小値を求めよ。

(1) $\sin\theta + \cos\theta$

(2) $-\sqrt{3}\sin\theta + \cos\theta$

(3) $\sin\theta - \cos\theta$

(4) $\sqrt{2}\sin\theta - \sqrt{6}\cos\theta$

第4章 三角関数

42　0や負の整数の指数

⚠️ 0や負の整数の指数，指数法則

① $a \neq 0$ で n が正の整数のとき，$a^0 = 1$，$a^{-n} = \dfrac{1}{a^n}$

② $a \neq 0$，$b \neq 0$，m，n が整数のとき，次の指数法則が成り立つ

(ⅰ) $a^m \times a^n = a^{m+n}$　　(ⅱ) $a^m \div a^n = a^{m-n}$　　(ⅲ) $(a^m)^n = a^{mn}$　　(ⅳ) $(ab)^n = a^n b^n$

練習69 次の値を求めよ。

(1) 5^0

(2) 3^{-2}

(3) 4^{-3}

(4) $\left(\dfrac{1}{2}\right)^{-3}$

例42 次の計算をせよ。ただし，$a \neq 0$，$b \neq 0$ とする。

(1) $(a^2 b)^3 \times a^{-3} \div b^2$

(2) $2^6 \times 2^{-3} \div 2^4$

解 (1) $(a^2 b)^3 \times a^{-3} \div b^2$

$= a^6 b^3 \times a^{-3} \div b^2$

$= a^{6+(-3)} \times b^{3-2} = a^3 b$ ←a と b を別々に計算する

(2) $2^6 \times 2^{-3} \div 2^4 = 2^{6+(-3)-4}$

$= 2^{-1} = \dfrac{1}{2}$ ←$a^{-n} = \dfrac{1}{a^n}$

問42 次の計算をせよ。ただし，$a \neq 0$，$b \neq 0$ とする。

(1) $a^3 \times (a^{-1} b^3)^3 \div b^5$

(2) $(3^2)^4 \div (3^{-2})^{-3}$

解 (1) $a^3 \times (a^{-1} b^3)^3 \div b^5$

(2) $(3^2)^4 \div (3^{-2})^{-3}$

練習70 次の計算をせよ。ただし，$a \neq 0$，$b \neq 0$ とする。

(1) $a^3 \times a^{-5}$

(2) $a^8 \div a^{-3}$

(3) $(a^{-2} b^{-3})^{-1}$

(4) $a^6 \div (a^{-2})^{-3}$

(5) $(a^3 b^2)^3 \div a^5 \times b^{-3}$

(6) $(a^2)^4 \times (a^{-3} b^2)^3 \div b^{-2}$

(7) $10^{-6} \div 10^{-8}$

(8) $2^3 \times 2^{-4} \div 2^3$

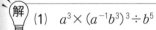

43 累乗根の計算

⚠️ **累乗根の性質**

① $a > 0$ のとき，$\sqrt[n]{a^n} = a$

② $a > 0$，$b > 0$ で，m，n が正の整数のとき，

(i) $\sqrt[n]{a}\,\sqrt[n]{b} = \sqrt[n]{ab}$ 　(ii) $\dfrac{\sqrt[n]{a}}{\sqrt[n]{b}} = \sqrt[n]{\dfrac{a}{b}}$ 　(iii) $(\sqrt[n]{a})^m = \sqrt[n]{a^m}$ 　(iv) $\sqrt[m]{\sqrt[n]{a}} = \sqrt[mn]{a}$

練習71 次の値を求めよ。

(1) $\sqrt[5]{32}$

(2) $\sqrt[3]{27}$

(3) $\sqrt[4]{81}$

(4) $\sqrt[3]{125}$

例43 次の値を求めよ。

(1) $\sqrt[4]{3}\,\sqrt[4]{27}$ 　　(2) $\dfrac{\sqrt[3]{24}}{\sqrt[3]{3}}$

(3) $\sqrt[3]{\sqrt{64}}$

（解） (1) $\sqrt[4]{3}\,\sqrt[4]{27} = \sqrt[4]{3 \times 27}$ ← $\sqrt[n]{a}\,\sqrt[n]{b} = \sqrt[n]{ab}$

$= \sqrt[4]{81} = \sqrt[4]{3^4} = 3$

(2) $\dfrac{\sqrt[3]{24}}{\sqrt[3]{3}} = \sqrt[3]{\dfrac{24}{3}}$ 　← $\dfrac{\sqrt[n]{a}}{\sqrt[n]{b}} = \sqrt[n]{\dfrac{a}{b}}$

$= \sqrt[3]{8} = \sqrt[3]{2^3} = 2$

(3) $\sqrt[3]{\sqrt{64}} = \sqrt[3 \times 2]{64} = \sqrt[6]{2^6} = 2$ 　← $\sqrt{a} = \sqrt[2]{a}$

問43 次の値を求めよ。

(1) $\sqrt[4]{125}\,\sqrt[4]{5}$ 　　(2) $\dfrac{\sqrt[3]{5}}{\sqrt[3]{135}}$

(3) $\sqrt{\sqrt{625}}$

（解） (1) $\sqrt[4]{125}\,\sqrt[4]{5}$

(2) $\dfrac{\sqrt[3]{5}}{\sqrt[3]{135}}$

(3) $\sqrt{\sqrt{625}}$

練習72 次の値を求めよ。

(1) $\sqrt[3]{5}\,\sqrt[3]{25}$

(2) $\dfrac{\sqrt[4]{5}}{\sqrt[4]{80}}$

(3) $\dfrac{\sqrt[3]{32}}{\sqrt[3]{4}}$

(4) $\sqrt[3]{49}\,\sqrt[3]{7}$

(5) $\dfrac{\sqrt[3]{2}}{\sqrt[3]{250}}$

(6) $\sqrt[5]{\sqrt{1024}}$

44 　有理数の指数

⚠️ 有理数の指数と累乗根の変換

$a>0$ で，m が整数，n が正の整数のとき，

$$a^{\frac{m}{n}}=\sqrt[n]{a^m}=(\sqrt[n]{a})^m \qquad 特に \quad a^{\frac{1}{n}}=\sqrt[n]{a}$$

例44 次の数を $\sqrt[n]{a}$ の形に表せ。

(1) $3^{\frac{1}{5}}$ (2) $3^{\frac{3}{4}}$ (3) $5^{-\frac{1}{3}}$

解 (1) $3^{\frac{1}{5}}=\sqrt[5]{3}$ ← $a^{\frac{1}{n}}=\sqrt[n]{a}$

(2) $3^{\frac{3}{4}}=\sqrt[4]{3^3}=\sqrt[4]{27}$ ← $a^{\frac{m}{n}}=\sqrt[n]{a^m}$

(3) $5^{-\frac{1}{3}}=(5^{\frac{1}{3}})^{-1}=\dfrac{1}{5^{\frac{1}{3}}}$ ← $a^{-n}=\dfrac{1}{a^n}$

$\quad =\dfrac{1}{\sqrt[3]{5}}=\sqrt[3]{\dfrac{1}{5}}$ ← **45** で学ぶ

問44 次の式を $a^{\frac{m}{n}}$ の形に表せ。ただし，$a>0$ とする。

(1) $\sqrt[7]{a}$ (2) $\sqrt[3]{a^2}$ (3) $\dfrac{1}{\sqrt[4]{a^3}}$

解 (1) $\sqrt[7]{a}$

(2) $\sqrt[3]{a^2}$

(3) $\dfrac{1}{\sqrt[4]{a^3}}$

練習73 次の数を，$\sqrt[n]{a}$ の形に表せ。

(1) $5^{\frac{1}{3}}$ (2) $3^{\frac{2}{5}}$

(3) $10^{\frac{2}{3}}$ (4) $6^{-\frac{2}{3}}$

練習74 次の式を $a^{\frac{m}{n}}$ の形に表せ。ただし，$a>0$ とする。

(1) $\sqrt[4]{a}$ (2) $\sqrt[3]{a^2}$

(3) $\dfrac{1}{\sqrt[3]{a^2}}$ (4) $\dfrac{1}{\sqrt[5]{a^3}}$

45 指数法則の拡張

⚠ 指数が有理数のときの指数法則

$a>0$，$b>0$ で，p，q が有理数のとき，

(i) $a^p \times a^q = a^{p+q}$　　(ii) $a^p \div a^q = a^{p-q}$　　(iii) $(a^p)^q = a^{pq}$　　(iv) $(ab)^p = a^p b^p$

例45 次の計算をせよ。ただし，$a>0$ とする。

(1) $5^{\frac{5}{4}} \div 5^{-\frac{3}{4}}$　　(2) $8^{-\frac{1}{3}}$

(3) $\sqrt[3]{a^4} \times \sqrt{a} \div \sqrt[6]{a^5}$

解 (1) $5^{\frac{5}{4}} \div 5^{-\frac{3}{4}} = 5^{\frac{5}{4} - \left(-\frac{3}{4}\right)}$

　　　　　　　　↑ ÷なので引き算へ

$= 5^{\frac{8}{4}} = 5^2 = \mathbf{25}$

(2) $8^{-\frac{1}{3}} = (2^3)^{-\frac{1}{3}} = 2^{3 \times \left(-\frac{1}{3}\right)}$　← かけ算へ

$= 2^{-1} = \dfrac{1}{2}$

(3) $\sqrt[3]{a^4} \times \sqrt{a} \div \sqrt[6]{a^5}$

$= a^{\frac{4}{3}} \times a^{\frac{1}{2}} \div a^{\frac{5}{6}}$　← $\sqrt[n]{a^m} = a^{\frac{m}{n}}$，$\sqrt{a} = a^{\frac{1}{2}}$

$= a^{\frac{4}{3} + \frac{1}{2} - \frac{5}{6}}$　← 指数法則を用いる

$= a^{\frac{8}{6} + \frac{3}{6} - \frac{5}{6}} = a^{\frac{6}{6}} = \boldsymbol{a}$

問45 次の計算をせよ。ただし，$a>0$ とする。

(1) $3^{\frac{2}{3}} \times 3^{\frac{4}{3}}$　　(2) $16^{-\frac{5}{4}}$

(3) $\sqrt{a^3} \div \sqrt[3]{a} \times \sqrt[6]{a^5}$

解 (1) $3^{\frac{2}{3}} \times 3^{\frac{4}{3}}$

(2) $16^{-\frac{5}{4}}$

(3) $\sqrt{a^3} \div \sqrt[3]{a} \times \sqrt[6]{a^5}$

練習75 次の計算をせよ。

(1) $9^{\frac{0}{4}} \times 9^{-\frac{1}{4}}$

(2) $27^{\frac{1}{2}} \times 27^{-\frac{1}{3}} \times 27^{\frac{1}{6}}$

練習76 $a>0$ のとき，次の式を簡単にせよ。

(1) $\sqrt[3]{a^2} \div a \times \sqrt[3]{a^4}$

(2) $\sqrt[4]{a} \times \sqrt[12]{a^5} \div \sqrt[3]{a^2}$

46 指数関数のグラフ

⚠️ **指数関数 $y=a^x$ のグラフと性質（a を底という）**

　$y=a^x$ のグラフ（右図）

　性質　① $a>1$ のとき，

　　　　$p<q \iff a^p<a^q$ ←底が1より大きい

　　　② $0<a<1$ のとき，

　　　　$p<q \iff a^p>a^q$ ←底が1より小さい

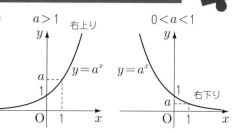

例46 (1) $y=3^x$ のグラフをかけ。

(2) $\sqrt{0.5}$，$\sqrt[5]{0.25}$ の大小を調べよ。

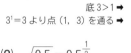

解 (1) $y=3^x$ のグラフは点$(0, 1)$を通り，

x軸を漸近線とする

右上りの曲線であ

る。グラフは右図。

底 $3>1$ ➡

$3^1=3$ より点$(1, 3)$を通る ➡

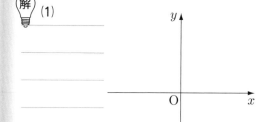

(2) $\sqrt{0.5}=0.5^{\frac{1}{2}}$　　　←$\sqrt{a}=a^{\frac{1}{2}}$

　　$\sqrt[5]{0.25}=\sqrt[5]{0.5^2}=0.5^{\frac{2}{5}}$　←$\sqrt[n]{a^m}=a^{\frac{m}{n}}$

　　$\dfrac{1}{2} > \dfrac{2}{5}$ であり，底 $0.5<1$ から，

　　$0.5^{\frac{1}{2}} < 0.5^{\frac{2}{5}}$　　←不等号の向きが変わる

　　よって，$\sqrt{0.5}<\sqrt[5]{0.25}$

問46 (1) $y=\left(\dfrac{1}{2}\right)^x$ のグラフをかけ。

(2) $\sqrt[4]{8}$，$\sqrt[5]{16}$ の大小を調べよ。

解 (1)

(2)

練習77 ▶ 次の関数のグラフをかけ。

(1) $y=\left(\dfrac{2}{3}\right)^x$

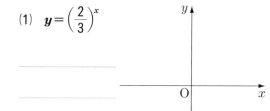

(2) $y=\left(\dfrac{3}{2}\right)^x$

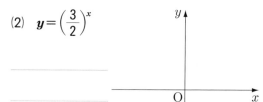

練習78 ▶ 次の各組の数の大小を調べよ。

(1) $\sqrt[7]{125}$，$\sqrt[5]{25}$

(2) $\sqrt[3]{\dfrac{1}{16}}$，$\sqrt[4]{\dfrac{1}{32}}$

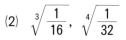

47 指数方程式，指数不等式

⬦ 指数方程式，指数不等式

① $a^x = a^y \iff x = y$　←方程式を解くには，底をそろえればよい

② $a^x < a^y \iff \begin{cases} a > 1 \text{ のとき，} & x < y \\ 0 < a < 1 \text{ のとき，} & x > y \end{cases}$　←不等式を解くには底をそろえ，底が1より大か小かで不等号の向きに気をつける

例47 (1)　方程式 $27^x = 3^{x+1}$ を解け。

(2)　不等式 $8^x < 32$ を解け。

(1)　$27^x = (3^3)^x = 3^{3x}$ であるから，←$(a^m)^n = a^{mn}$

方程式は　$3^{3x} = 3^{x+1}$　←底をそろえる

よって，$3x = x + 1$　←$a^x = a^y \iff x = y$

$x = \dfrac{1}{2}$

(2)　$8^x < 32$

$(2^3)^x < 2^5$

$2^{3x} < 2^5$　←$(a^m)^n = a^{mn}$

底 $2 > 1$ より，$3x < 5$　←底が1より大なので不等号の向きは変わらない

よって，$x < \dfrac{5}{3}$

問47 (1)　方程式 $8^x = 2^{x+2}$ を解け。

(2)　不等式 $\left(\dfrac{1}{9}\right)^x \geqq \dfrac{1}{27}$ を解け。

(1)

(2)

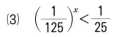　次の方程式，不等式を解け。

(1)　$9^x = \dfrac{1}{27}$

(2)　$\left(\dfrac{1}{4}\right)^{3x} = 8$

(3)　$\left(\dfrac{1}{125}\right)^x < \dfrac{1}{25}$

(4)　$27^x \leqq 3 \cdot 9^x$

第5章　指数関数・対数関数

48　対　数

◇ **対数と指数の関係を用いて，対数を求める**

$a>0$，$a \neq 1$，$M>0$ のとき，

$a^p = M \iff p = \log_a M$（$a$ を底，M を真数という）

練習80 ▶ 次の等式において，(1)，(2)は $p = \log_a M$ の形に，(3)，(4)は $a^p = M$ の形に書き直せ。

(1)　$3^4 = 81$

(2)　$2^{\frac{1}{2}} = \sqrt{2}$

(3)　$\log_{10} 100 = 2$

(4)　$\log_2 0.25 = -2$

例48 次の値を求めよ。

(1)　$\log_3 27$　　　(2)　$\log_{\sqrt{2}} 4$

解

(1)　$\log_3 27 = x$ とおくと，

　　$3^x = 27$　　　　←$p = \log_a M \iff a^p = M$

　　$3^x = 3^3$　　　　←底をそろえる

　よって，$x = 3$

(2)　$\log_{\sqrt{2}} 4 = x$ とおくと，

　　$(\sqrt{2})^x = 4$　　←$\log_a M = p \iff a^p = M$

　　$2^{\frac{x}{2}} = 2^2$　　　←$\sqrt{2} = 2^{\frac{1}{2}}$，底を 2 へ

　よって，$\dfrac{x}{2} = 2$　　$x = 4$

問48 次の値を求めよ。

(1)　$\log_2 \dfrac{1}{8}$　　　(2)　$\log_4 32$

解　(1)

(2)

練習81 ▶ 次の値を求めよ。

(1)　$\log_5 125$

(2)　$\log_2 1$

(3)　$\log_{27} 9$

(4)　$\log_{\frac{1}{8}} 16$

49　対数の計算（1）

◇ **対数の和と差を計算する**

① $a>0$, $a\neq1$ のとき，　　$\log_a a^r=r$　特に　$\log_a a=1$, $\log_a 1=0$　（← $a^0=1$）

② $a>0$, $a\neq1$, $M>0$, $N>0$ のとき，

（ i ）　$\log_a M+\log_a N=\log_a MN$　　（ ii ）　$\log_a M-\log_a N=\log_a \dfrac{M}{N}$

練習82 ▶　次の値を求めよ。

(1)　$\log_2 4$

(2)　$\log_3 \dfrac{1}{3}$

(3)　$\log_3 27$

(4)　$\log_4 1$

例49 次の計算をせよ。

(1)　$\log_{10} 5+\log_{10} 2$　　(2)　$\log_3 5-\log_3 15$

解

(1)　$\log_{10} 5+\log_{10} 2$

$=\log_{10}(5\times2)$　　← $\log_a M+\log_a N=\log_a MN$

$=\log_{10} 10=1$　　← $\log_{10} 10=\log_{10} 10^1=1$

(2)　$\log_3 5-\log_3 15$

$=\log_3 \dfrac{5}{15}$　　← $\log_a M-\log_a N=\log_a \dfrac{M}{N}$

$=\log_3 \dfrac{1}{3}=\log_3 3^{-1}=-1$　　← $\dfrac{1}{3}=3^{-1}$

問49 次の計算をせよ。

(1)　$\log_6 3+\log_6 2$　　(2)　$\log_2 3-\log_2 12$

解　(1)　$\log_6 3+\log_6 2$

(2)　$\log_2 3-\log_2 12$

練習83 ▶　次の計算をせよ。

(1)　$\log_{12} 6+\log_{12} 2$

(2)　$\log_3 12-\log_3 4$

(3)　$\log_4 32+\log_4 8$

(4)　$\log_2 144-\log_2 18$

(5)　$\log_3 \sqrt{12}-\log_3 2$

(6)　$\log_5 \sqrt{20}+\log_5 \dfrac{1}{2}$

50 対数の計算 (2)

対数の値の計算と底の変換公式

① $a>0$, $a\neq1$, $M>0$ のとき，　$r\log_a M=\log_a M^r$

② $a>0$, $b>0$, $c>0$, $a\neq1$, $c\neq1$ のとき，

$$\log_a b=\frac{\log_c b}{\log_c a}$$ ←底の変換公式　　底 a → 底 c に変換している！

例50 次の式を計算せよ。

(1)　$\log_2 12+\log_2 6-2\log_2 3$

(2)　$\log_2 6\times\log_6 16$

解 (1)　$\log_2 12+\log_2 6-2\log_2 3$

$=\log_2 12+\log_2 6-\log_2 3^2$ ← $r\log_a M=\log_a M^r$

$=\log_2\dfrac{12\times6}{3^2}$ ← $\log_a M+\log_a N-\log_a L=\log_a\dfrac{M\cdot N}{L}$

$=\log_2 8=\log_2 2^3=\mathbf{3}$　← $\log_a a^r=r$

(2)　$\log_2 6\times\log_6 16$ 　← 底 2，6 と 2 つある！
小さい方の底 2 に統一

$=\log_2 6\times\dfrac{\log_2 16}{\log_2 6}$　← $\log_a b=\dfrac{\log_c b}{\log_c a}$

$=\log_2 16=\log_2 2^4=\mathbf{4}$　← $\log_a a^r=r$

問50 次の式を計算せよ。

(1)　$\log_3 15-2\log_3 5+\log_3 45$

(2)　$\log_6 27\times\log_3 6$

解 (1)　$\log_3 15-2\log_3 5+\log_3 45$

(2)　$\log_6 27\times\log_3 6$

練習84 次の式を計算せよ。

(1)　$2\log_2\sqrt{10}-\log_2 5$

(2)　$\log_5 45+2\log_5\dfrac{1}{3}$

(3)　$4\log_5 3-2\log_5 15-\log_5 45$

(4)　$\log_2 10-\log_4 25$

51 対数関数のグラフ

対数関数 $y=\log_a x$ のグラフと性質

$y=\log_a x$ のグラフ（右図）

性質　$a>1$ のとき，

$\qquad 0<p<q \iff \log_a p<\log_a q$ ←底が1より大きい

$\quad 0<a<1$ のとき，

$\qquad 0<p<q \iff \log_a p>\log_a q$ ←底が1より小さい

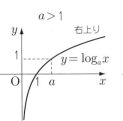

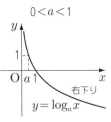

例51 (1)　$y=\log_2 x$ のグラフをかけ。

(2)　$\log_2 10$，$2\log_2 3$ の大小を調べよ。

解 (1)　$y=\log_2 x$ のグラフは点 $(1,\ 0)$ を通り

y 軸を漸近線とする右上りの曲線である。グラフは右の図のようになる。

底 $2>1$ →

$\log_2 2=1$ より点 $(2,\ 1)$ を通る →

(2)　$2\log_2 3=\log_2 3^2=\log_2 9$

↖ $r\log_a M=\log_a M^r$

$10>9$ であり，底 $2>1$ から，

$\quad \log_2 10>\log_2 9$　　←向きは不変

よって，$\log_2 10>2\log_2 3$

問51 (1)　$y=\log_{\frac{1}{3}} x$ のグラフをかけ。

(2)　$3\log_{\frac{1}{3}} 2$，$\log_{\frac{1}{3}} 7$ の大小を調べよ。

解 (1)

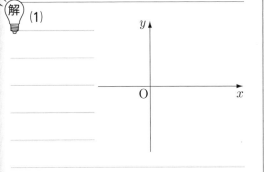

(2)

第5章　指数関数・対数関数

練習85　次の関数のグラフをかけ。

(1)　$y=\log_{\frac{1}{5}} x$

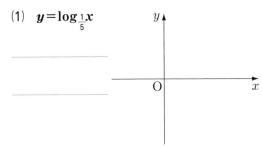

(2)　$y=\log_5 x$

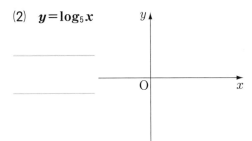

練習86　次の数の大小を調べよ。

(1)　$3\log_{0.1} 2$，$2\log_{0.1} 3$

(2)　$\dfrac{1}{2}\log_2 5$，1

52 　対数方程式，対数不等式

対数方程式，対数不等式

① 真数が正であるための条件を調べる　← $\log_a M$ ← 真数

② 両辺の対数の底を同じにする

$$\log_a x = \log_a y \iff x = y, \qquad \log_a x > \log_a y \iff \begin{cases} a > 1 \text{ のとき，} x > y \\ 0 < a < 1 \text{ のとき，} x < y \end{cases}$$

例52 (1)　方程式 $\log_3(2x-1)=2$ を解け。

(2)　不等式 $\log_{\frac{1}{2}}(x-1)>1$ を解け。

解 (1)　真数は正であるから，$2x-1>0$

よって，$x>\dfrac{1}{2}$ ……①

また，$\log_3(2x-1)=\log_3 3^2$　← $2=2\log_3 3$
$\qquad\qquad\qquad\qquad\qquad = \log_3 3^2$

よって，$2x-1=3^2$　← 直接 $\log_a M=p \iff M=a^p$
$\qquad\qquad\qquad\qquad$ としてもよい

$2x=10 \qquad x=5$　← 真数条件のチェック

これは①を満たすので，**$x=5$**

(2)　真数は正であるから，$x-1>0$

よって，$x>1$　…①

また，$\log_{\frac{1}{2}}(x-1)>\log_{\frac{1}{2}}\dfrac{1}{2}$　← $1=\log_{\frac{1}{2}}\dfrac{1}{2}$

底 $\dfrac{1}{2}<1$ より，$x-1<\dfrac{1}{2}$　← $0<a<1$ のとき
$\qquad\qquad\qquad\qquad\qquad\qquad \log_a x>\log_a y$
$\qquad\qquad\qquad\qquad\qquad\qquad \iff x<y$

よって，$x<\dfrac{3}{2}$　…②

①，②より，**$1<x<\dfrac{3}{2}$**

問52 (1)　方程式 $\log_2(5-x)=3$ を解け。

(2)　不等式 $\log_3(x-2)<2$ を解け。

解 (1)

(2)

練習87　次の方程式，不等式を解け。

(1)　$\log_3(2x-5)=2$

(2)　$\log_4(x+1)+\log_4(x-2)=1$

(3)　$\log_{\frac{1}{2}}(5x-1)>-1$

(4)　$\log_3(x-3)+\log_3(x-5)<1$

53 常用対数（1）

 常用対数を求める

底を 10 とする対数を常用対数という。

例53 下表を利用して，次の値を求めよ。

(1) $\log_{10} 731$ (2) $\log_{10} 0.731$

解 7.3 の行と 1 の列の交わる部分の数

.8639（＝0.8639）が 7.31 の常用対数

であるから，

(1) $\log_{10} 731 = \log_{10}(7.31 \times 100)$

$= \log_{10} 7.31 + \log_{10} 100$ ← $\log_a MN = \log_a M + \log_a N$

$= 0.8639 + \log_{10} 10^2$ ← $100 = 10^2$

$= 0.8639 + 2 = \mathbf{2.8639}$

(2) $\log_{10} 0.731 = \log_{10}\left(7.31 \times \dfrac{1}{10}\right)$

$= \log_{10} 7.31 + \log_{10} \dfrac{1}{10}$ ← $\log_a MN = \log_a M + \log_a N$

$= 0.8639 + \log_{10} 10^{-1}$ ← $\dfrac{1}{10} = 10^{-1}$

$= 0.8639 - 1 = \mathbf{-0.1361}$

問53 下表を利用して，次の値を求めよ。

(1) $\log_{10} 7080$ (2) $\log_{10} 0.0708$

解 (1)

(2)

常用対数表（抜粋）

数	0	1	2	3	4	5	6	7	8	9
7.0	.8451	.8457	.8463	.8470	.8476	.8482	.8488	.8494	.8500	.8506
7.1	.8513	.8519	.8525	.8531	.8537	.8543	.8549	.8555	.8561	.8567
7.2	.8573	.8579	.8585	.8591	.8597	.8603	.8609	.8615	.8621	.8627
7.3	.8633	.8639	.8645	.8651	.8657	.8663	.8669	.8675	.8681	.8686
7.4	.8692	.8698	.8704	.8710	.8716	.8722	.8727	.8733	.8739	.8745

第5章 指数関数・対数関数

練習88 $\log_{10} 2.35 = 0.3711$ であることを用いて，次の値を求めよ。

(1) $\log_{10} 23.5$ (2) $\log_{10} 0.235$

練習89 $\log_{10} 2 = 0.3010$，$\log_{10} 3 = 0.4771$ であることを用いて，次の値を求めよ。

(1) $\log_{10} 5$ (2) $\log_{10} 6$

54 常用対数 (2)

⚠️ **桁数，小数首位**
① 正の数 N の桁数が n である $\iff 10^{n-1} \leqq N < 10^n \iff n-1 \leqq \log_{10} N < n$
② 正の数 N は小数第 n 位に初めて 0 でない数字が現れる
$\iff 10^{-n} \leqq N < 10^{-n+1} \iff -n \leqq \log_{10} N < -n+1$

例54 $\log_{10} 2 = 0.3010$ とする。

(1) 2^{40} は何桁の数か。

(2) $\left(\dfrac{1}{2}\right)^{30}$ を小数で表したとき，小数第何位に初めて 0 でない数が現れるか。

💡**解** (1) $\log_{10} 2^{40} = 40\log_{10} 2 \quad \leftarrow \log_a M^r = r\log_a M$

$= 40 \times 0.3010$

$= 12.04$

よって，$2^{40} = 10^{12.04} \quad \leftarrow \log_a M = p \iff M = a^p$ において $M = 2^{40}$, $p = 12.04$

$10^{12} < 2^{40} < 10^{13}$

したがって，2^{40} は **13桁の数**である。

(2) $\log_{10}\left(\dfrac{1}{2}\right)^{30} = 30\log_{10}\dfrac{1}{2} \quad \leftarrow$ 対数をとる

$= 30 \times (-\log_{10} 2) \quad \leftarrow \log_{10}\dfrac{1}{2} = \log_{10} 2^{-1} = -\log_{10} 2$

$= 30 \times (-0.3010) = -9.030$

よって，$\left(\dfrac{1}{2}\right)^{30} = 10^{-9.030} \quad \leftarrow \log_a M = p \iff M = a^p$

$10^{-10} < \left(\dfrac{1}{2}\right)^{30} < 10^{-9}$

ゆえに，**小数第10位**に初めて 0 でない数が現れる。

問54 $\log_{10} 3 = 0.4771$ とする。

(1) 3^{50} は何桁の数か。

(2) $\left(\dfrac{1}{3}\right)^{20}$ を小数で表したとき，小数第何位に初めて 0 でない数が現れるか。

💡**解** (1)

(2)

練習90 $\log_{10} 2 = 0.3010$, $\log_{10} 3 = 0.4771$ とする。

(1) 6^{30} は何桁の数か。

(2) $\left(\dfrac{2}{3}\right)^{40}$ を小数で表したとき，小数第何位に初めて 0 でない数が現れるか。

55 平均変化率と微分係数

平均変化率と微分係数

① 関数 $f(x)$ において，x の値が a から b まで変化するとき，
$\dfrac{f(b)-f(a)}{b-a}$ を平均変化率という。 ←2点 $(a, f(a))$, $(b, f(b))$ を結ぶ直線の傾きに等しい 20-②参照

② $f'(a)=\lim\limits_{h\to 0}\dfrac{f(a+h)-f(a)}{h}$ を関数 $f(x)$ の a における微分係数という。 ↑$\lim\limits_{x\to a}g(x)=b$ は x が a に近づくとき，$g(x)$ が b に近づくことを表す

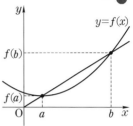

例55 関数 $f(x)=x^2$ について，次の値を定義にしたがって求めよ。

(1) x の値が 1 から 3 まで変化するときの平均変化率

(2) 微分係数 $f'(2)$

解

(1) $\dfrac{f(3)-f(1)}{3-1}=\dfrac{3^2-1^2}{2}=4$

(2) $f'(2)=\lim\limits_{h\to 0}\dfrac{f(2+h)-f(2)}{h}$

$=\lim\limits_{h\to 0}\dfrac{(2+h)^2-2^2}{h}$

$=\lim\limits_{h\to 0}\dfrac{h^2+4h}{h}$ ← $\dfrac{h^2+4h}{h}=\dfrac{h(h+4)}{h}$

$=\lim\limits_{h\to 0}(h+4)=4$

問55 関数 $f(x)=-2x$ について，次の値を定義にしたがって求めよ。

(1) x の値が 1 から 2 まで変化するときの平均変化率

(2) 微分係数 $f'(1)$

解

(1)

(2)

練習91 関数 $f(x)=x^2-x$ について，次の値を定義にしたがって求めよ。

(1) x の値が 1 から $1+h$ まで変化するときの平均変化率

(2) 微分係数 $f'(1)$

第6章 微分法と積分法

56　導関数（1）

⚠️ **導関数**

① 関数 $y=f(x)$ において，x の値に対して x での微分係数 $f'(x)$ を対応させる関数を $f(x)$ の導関数といい $f'(x)$，y' などで表す。 ← $f'(x)=\lim\limits_{h\to 0}\dfrac{f(x+h)-f(x)}{h}$　↑導関数を求めることを微分するという

② $(x^3)'=3x^2$，$(x^2)'=2x$，$(x)'=1$，$(c)'=0$（c は定数）
$\{f(x)+g(x)\}'=f'(x)+g'(x)$，　$\{kf(x)\}'=kf'(x)$

例56 次の関数の導関数を求めよ。
(1) $f(x)=x^2$（定義にしたがって）
(2) $y=3x^2+5x-2$（公式を用いて）

（解）

(1) $f'(x)=\lim\limits_{h\to 0}\dfrac{f(x+h)-f(x)}{h}$

$=\lim\limits_{h\to 0}\dfrac{(x+h)^2-x^2}{h}$

$=\lim\limits_{h\to 0}\dfrac{2xh+h^2}{h}$　← $\dfrac{2xh+h^2}{h}$

$=\lim\limits_{h\to 0}(2x+h)=2x$　$=\dfrac{h(2x+h)}{h}$

(2) $y'=3\cdot 2x+5\cdot 1-0$　← $(3x^2)'=3(x^2)'=3\cdot 2x$
$(5x)'=5(x)'=5\cdot 1$
$-(2)'=0$

$=6x+5$

問56 次の関数の導関数を求めよ。
(1) $f(x)=x+2$（定義にしたがって）
(2) $y=4x^2-x+2$（公式を用いて）

（解）(1)

(2)

練習92　次の関数を微分せよ。

(1) $y=-3x+5$

(2) $y=7x+4$

(3) $y=x^2-3x+1$

(4) $y=\dfrac{1}{2}x^2+8x+1$

(5) $y=2x^3+4x^2-x+9$

(6) $y=\dfrac{1}{3}x^3-\dfrac{1}{2}x^2+x+4$

57 導関数（2）

⚠ **導関数と微分係数**

積の導関数を求めるには，展開してから公式を利用する。

微分係数 $f'(a)$ を求めるには，導関数 $f'(x)$ に $x=a$ を代入する。

例57 関数 $f(x)=(2x+1)^2$ の $x=-1$ における微分係数を求めよ。

解

$f(x)=4x^2+4x+1$ から　←まず，展開する

$f'(x)=4\cdot2x+4\cdot1+0$ ← $(4x^2)'=4(x^2)'=4\cdot2x$
$\qquad\qquad\qquad\qquad\quad (4x)'=4(x)'=4\cdot1$
$\quad\ =8x+4$ $\qquad\qquad (1)'=0$

であるから，

$f'(-1)=8\cdot(-1)+4=\mathbf{-4}$

問57 関数 $f(x)=(x+2)(2x-1)$ の $x=3$ における微分係数を求めよ。

解

練習93 次の関数について，（　）内に示した x の値における微分係数を求めよ。

(1) $f(x)=x^2+4x+2$ （$x=3$）

(2) $f(x)=-3x^2+4x-2$ （$x=-2$）

(3) $f(x)=-2x^3+2x^2+3x+4$ （$x=2$）

(4) $f(x)=(x+1)(3x^2-2)$ （$x=3$）

練習94 2次関数 $f(x)=ax^2+bx+7$ が $f'(0)=-2$，$f'(-2)=10$ を満たすとき，定数 a，b の値を求めよ。

58　接線の方程式

⚠️ **接線の方程式を求める**

① $y=f(x)$ のグラフの $x=a$ における点での接線の傾きは $f'(a)$ である。

② $y=f(x)$ のグラフ上の点 $(a,\ f(a))$ における接線の方程式は，

$$y-f(a)=f'(a)(x-a)$$ ← 直線の方程式 $y-y_1=m(x-x_1)$ **20**①

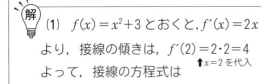

例58 曲線 $y=x^2+3$ について

(1) 曲線上の点 $(2,\ 1)$ における接線の方程式を求めよ。

(2) 曲線に点 $(-1,\ 0)$ から引いた接線の方程式を求めよ。

💡**解** (1) $f(x)=x^2+3$ とおくと，$f'(x)=2x$

より，接線の傾きは，$f'(2)=2\cdot2=4$ ↑ $x=2$ を代入

よって，接線の方程式は

$y-7=4(x-2)$ ← $y-y_1=m(x-x_1)$

$\boldsymbol{y=4x-1}$

(2) 接点の座標を $(t,\ t^2+3)$ とすると，

接線の方程式は ↗ $x=t$ における接線の傾きは $f'(t)=2t$

$y-(t^2+3)=2t(x-t)$

$y=2tx-t^2+3\cdots①$ ← $y-f(t)=f'(t)(x-t)$

これが点 $(-1,\ 0)$ を通るから

$0=-2t-t^2+3$　　$t^2+2t-3=0$

$(t+3)(t-1)=0$　　$t=-3,\ 1$

①より，$t=-3$ のとき $\boldsymbol{y=-6x-6}$

$t=1$ のとき　　$\boldsymbol{y=2x+2}$

問58 曲線 $y=-x^2+1$ について

(1) 曲線上の点 $(-1,\ 0)$ における接線の方程式を求めよ。

(2) 曲線に点 $(1,\ 1)$ から引いた接線の方程式を求めよ。

💡**解** (1)

(2)

練習95 次の曲線上の x 座標が（　）内の点における接線の方程式を求めよ。

(1) $f(x)=x^3$　$(x=2)$

(2) $f(x)=x^2+4x$　$(x=-1)$

練習96 曲線 $y=x^3$ について，点 $(1,\ 5)$ から引いた接線の方程式を求めよ。

59 関数の増加・減少

◇ **導関数を用いて関数の増加・減少を調べる**

関数 $y=f(x)$ について，増加・減少は次のようになる。

・$f'(x)>0$ となる x の値の範囲で増加する

・$f'(x)<0$ となる x の値の範囲で減少する

例59 関数 $y=x^3-12x$ の増加・減少を調べよ。

解　$y'=3x^2-12$ ← $(x^3)'=3x^2,\ (-12x)'=-12$

$\qquad =3(x^2-4)=3(x+2)(x-2)$ ← $x^2-4=x^2-2^2$

$y'=0$ とすると $x=\pm2$

増減表は以下のようになる。

x	$\cdots$	-2	$\cdots$	2	$\cdots$
y'	$+$	0	$-$	0	$+$
y	$\nearrow$	16	$\searrow$	-16	$\nearrow$

← $x=2$ のとき，
$y=2^3-12\cdot2=-16$
$x=-2$ のとき，
$y=(-2)^3-12\cdot(-2)=16$

よって，$x\leqq-2$，$2\leqq x$ のとき増加，

$\qquad\quad -2\leqq x\leqq2$ のとき減少。

問59 関数 $y=x^3-3x^2$ の増加・減少を調べよ。

解

練習97 次の関数の増加・減少を調べよ。

(1) $y=x^2-4x+3$

(2) $y=-2x^2+4x+1$

(3) $y=x^3-6x$

(4) $y=-x^3-6x^2-9x$

第6章 微分法と積分法

60 関数の極大値・極小値

> ⚠️ **関数の極値を求め，グラフをかく**
>
> 関数 $f(x)$ の極値を調べるには，増減表をかく。
>
> $f'(x)$ の符号が正から負に変わるとき，極大になる。
>
> $f'(x)$ の符号が負から正に変わるとき，極小になる。

x	$\cdots$	α	$\cdots$	β	$\cdots$
$f'(x)$	+	0	−	0	+
$f(x)$	↗	極大	↘	極小	↗

例60 関数 $y=x^3-6x^2+9x-2$ の極値を求め，グラフをかけ。

解

$y'=3x^2-12x+9$

$\quad =3(x^2-4x+3)=3(x-1)(x-3)$

$y'=0$ とすると，$x=1,\ 3$

増減表は以下のようになる。

x	$\cdots$	1	$\cdots$	3	$\cdots$
y'	+	0	−	0	+
y	↗	2	↘	−2	↗

$x=1$ のとき，
$\quad y=1^3-6\cdot1^2+9\cdot1-2$
$\quad\quad =1-6+9-2=2$

$x=3$ のとき，
$\quad y=3^3-6\cdot3^2+9\cdot3-2$
$\quad\quad =27-54+27-2=-2$

したがって，$x=1$ の

とき**極大値 2**，$x=3$ のとき**極小値 −2** を

とり，グラフは下の図のようになる。

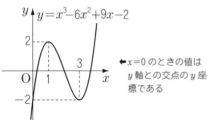

←$x=0$ のときの値は y 軸との交点の y 座標である

問60 関数 $y=x^3-3x+2$ の極値を求め，グラフをかけ。

解

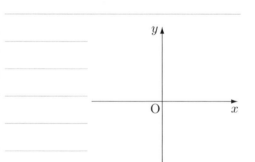

練習98 関数 $y=-x^3+3x-3$ の極値を求め，グラフをかけ。

61 関数の最大値・最小値

⚠️ **関数の最大値・最小値を求める**

$y=f(x)$ $(a \leqq x \leqq b)$ における最大値・最小値は，その範囲内で増減表をかく。

範囲内における極大値・極小値・および端点の値 $f(a)$，$f(b)$ が最大値・最小値の候補である。

例61 次の関数の最大値・最小値を求めよ。

$$y=x^3-3x^2-9x \quad (-2 \leqq x \leqq 5)$$

(解) $y'=3x^2-6x-9$

$\qquad =3(x^2-2x-3)=3(x+1)(x-3)$

$y'=0$ とすると，$x=-1$，3

$-2 \leqq x \leqq 5$ における増減表は，

x	-2	$\cdots$	-1	$\cdots$	3	$\cdots$	5
y'		$+$	0	$-$	0	$+$	
y	-2	↗	5	↘	-27	↗	5

←

$x=-2$ のとき，

$\quad (-2)^3-3 \cdot (-2)^2-9 \cdot (-2)=-8-12+18=-2$

$x=-1$ のとき，

$\quad (-1)^3-3 \cdot (-1)^2-9 \cdot (-1)=-1-3+9=5$

$x=3$ のとき，

$\quad 3^3-3 \cdot 3^2-9 \cdot 3=27-27-27=-27$

$x=5$ のとき，

$\quad 5^3-3 \cdot 5^2-9 \cdot 5=125-75-45=5$

よって，$x=-1$，5 のとき，**最大値 5**

$\qquad x=3$ のとき，**最小値 -27** ↑2か所で最大

問61 次の関数の最大値・最小値を求めよ。

$$y=x^3-3x^2+5 \quad (-2 \leqq x \leqq 3)$$

(解)

練習99 $y=x^3-3x$ $(-3 \leqq x \leqq 3)$ の最大値・最小値を求めよ。

第6章 微分法と積分法

62 方程式・不等式への応用

⚠️ **方程式の異なる実数解の個数，不等式の証明**

① 方程式 $f(x)=0$ の異なる実数解の個数は，曲線 $y=f(x)$ と x 軸の共有点の個数に等しい。

② $f(x)>0$ の証明は，$y=f(x)$ の最小値 m を求めて，$m>0$ を示す。

例62 (1) 3次方程式 $x^3-3x^2+7=0$ の異なる実数解の個数を求めよ。

(2) $x\geqq0$ のとき，不等式 $x^3+3>3x$ が成り立つことを証明せよ。

解 (1) $f(x)=x^3-3x^2+7$ とおくと

$f'(x)=3x^2-6x=3x(x-2)$

$f'(x)=0$ とすると，$x=0,\ 2$

増減表は右のようになる。

x	$\cdots$	0	$\cdots$	2	$\cdots$
$f'(x)$	+	0	−	0	+
$f(x)$	↗	7	↘	3	↗

よって，$y=f(x)$ のグラフは右の図のようになり，グラフと x 軸は1点で交わる。

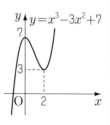

ゆえに，方程式の異なる実数解の個数は **1個** である。

(2) $f(x)=(x^3+3)-3x=x^3-3x+3$ とおくと，

$f'(x)=3x^2-3=3(x+1)(x-1)$

よって，$x\geqq0$ のとき，増減表は以下のようになる。

x	0	$\cdots$	1	$\cdots$
$f'(x)$		−	0	+
$f(x)$	3	↘	1	↗

よって，$x\geqq0$ のとき，$f(x)$ の最小値は1である。

ゆえに，$x\geqq0$ のとき，$f(x)\geqq1>0$ であるから，$x^3+3>3x$ が成り立つ。

問62 (1) 3次方程式 $2x^3-3x^2+1=0$ の異なる実数解の個数を求めよ。

(2) $x\geqq0$ のとき，不等式 $x^3>6x^2-36$ が成り立つことを証明せよ。

解 (1)

(2)

練習100 ▶ 次の 3 次方程式の異なる実数解の個数を求めよ。

(1)　$2x^3 + 3x^2 - 12x - 15 = 0$

(2)　$x^3 - 6x^2 + 32 = 0$

練習101 ▶ $x \geq 0$ のとき，不等式 $2x^3 - x^2 - 4x + 3 \geq 0$ が成り立つことを証明せよ。

練習102 ▶ 3 次方程式 $x^3 - 3x^2 = a$ の異なる実数解の個数を調べよ。ただし，a は定数とする。

ヒント　$y = x^3 - 3x^2$ のグラフと直線 $y = a$ の共有点の個数を調べる

63 不定積分

⚠️ 不定積分を求める

① $F'(x)=f(x)$ のとき，　$\displaystyle\int f(x)\,dx=F(x)+C$　（C は積分定数）

② $\displaystyle\int x^n\,dx=\dfrac{1}{n+1}x^{n+1}+C$　（n は0以上の整数，C は積分定数）

③ $\displaystyle\int kf(x)\,dx=k\int f(x)\,dx,$　$\displaystyle\int\{f(x)+g(x)\}\,dx=\int f(x)\,dx+\int g(x)\,dx$

例63 次の不定積分を求めよ。

(1) $\displaystyle\int(2x+5)\,dx$　(2) $\displaystyle\int(x-1)(x+3)\,dx$

解

(1) $\displaystyle\int(2x+5)\,dx=2\int x\,dx+5\int 1\,dx$

　　↑各項ずつ積分(微分と同じ)

　　$=2\cdot\dfrac{1}{2}x^2+5\cdot x+C$　←$\displaystyle\int x\,dx=\dfrac{1}{2}x^2+C$

　　$=x^2+5x+C$　（C は積分定数）

　　↓中身の展開

(2) $\displaystyle\int(x-1)(x+3)\,dx=\int(x^2+2x-3)\,dx$

　　$=\displaystyle\int x^2\,dx+2\int x\,dx-3\int 1\,dx$　←各項ずつ積分
　　　（この計算はとばしてもよい）

　　$=\dfrac{1}{3}x^3+2\cdot\dfrac{1}{2}x^2-3\cdot x+C$　←$\displaystyle\int x^n\,dx=\dfrac{1}{n+1}x^{n+1}+C$

　　$=\dfrac{1}{3}x^3+x^2-3x+C$　（C は積分定数）

問63 次の不定積分を求めよ。

(1) $\displaystyle\int(3x^2-4)\,dx$　　(2) $\displaystyle\int(2x+3)^2\,dx$

解

(1) $\displaystyle\int(3x^2-4)\,dx$

(2) $\displaystyle\int(2x+3)^2\,dx$

練習103 次の不定積分を求めよ。

(1) $\displaystyle\int(6x-1)\,dx$

(2) $\displaystyle\int(3x^2-2x+1)\,dx$

(3) $\displaystyle\int(2x+3)(3x-5)\,dx$

(4) $\displaystyle\int(-6t^2+2t-5)\,dt$

64 定積分

⚠️ 定積分を求める

$f(x)$ の不定積分の1つを，$F(x)$ とするとき，

$$\int_a^b f(x)\,dx = \Big[F(x)\Big]_a^b = F(b) - F(a)$$ ←$f(x)$ の a から b までの定積分という

$$\int_a^b kf(x)\,dx = k\int_a^b f(x)\,dx, \quad \int_a^b \{f(x)+g(x)\}\,dx = \int_a^b f(x)\,dx + \int_a^b g(x)\,dx$$

例64 次の定積分を求めよ。

(1) $\displaystyle\int_1^2 (2x-3)\,dx$

(2) $\displaystyle\int_{-1}^2 (3x^2+2x-1)\,dx$

解

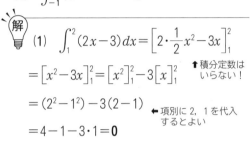

(1) $\displaystyle\int_1^2 (2x-3)\,dx = \Big[2\cdot\dfrac{1}{2}x^2-3x\Big]_1^2$

←積分定数はいらない！

$= \Big[x^2-3x\Big]_1^2 = \Big[x^2\Big]_1^2 - 3\Big[x\Big]_1^2$

$= (2^2-1^2)-3(2-1)$ ←項別に 2，1 を代入するとよい

$= 4-1-3\cdot1 = \mathbf{0}$

(2) $\displaystyle\int_{-1}^2 (3x^2+2x-1)\,dx$

$= \Big[3\cdot\dfrac{1}{3}x^3+2\cdot\dfrac{1}{2}x^2-x\Big]_{-1}^2$

$= \Big[x^3+x^2-x\Big]_{-1}^2 = \Big[x^3\Big]_{-1}^2 + \Big[x^2\Big]_{-1}^2 - \Big[x\Big]_{-1}^2$

$= \{2^3-(-1)^3\}+\{2^2-(-1)^2\}-\{2-(-1)\}$

$= 8+1+4-1-(2+1) = 9+3-3 = \mathbf{9}$

問64 次の定積分を求めよ。

(1) $\displaystyle\int_2^3 (4x+1)\,dx$

(2) $\displaystyle\int_{-2}^1 (3x^2-4x+2)\,dx$

解

(1) $\displaystyle\int_2^3 (4x+1)\,dx$

(2) $\displaystyle\int_{-2}^1 (3x^2-4x+2)\,dx$

練習104 次の定積分を求めよ。

(1) $\displaystyle\int_0^2 (2x+5)\,dx$

(2) $\displaystyle\int_2^3 (6x^2-1)\,dx$

(3) $\displaystyle\int_{-1}^2 (3x^2+x-2)\,dx$

(4) $\displaystyle\int_{-1}^3 (x^2+4x-3)\,dx + \int_{-1}^3 (-x^2+3)\,dx$

65 定積分の性質

⚠ 定積分の性質を用いた計算

$$\int_a^a f(x)\,dx = 0, \quad \int_a^b f(x)\,dx = -\int_b^a f(x)\,dx, \quad \int_a^b f(x)\,dx + \int_b^c f(x)\,dx = \int_a^c f(x)\,dx$$

例65 次の定積分を求めよ。

$$\int_{-2}^1 (x^2 - 2x + 3)\,dx + \int_1^2 (x^2 - 2x + 3)\,dx$$

解

$$\int_{-2}^1 (x^2 - 2x + 3)\,dx + \int_1^2 (x^2 - 2x + 3)\,dx$$

↑被積分関数が同じである！

$$= \int_{-2}^2 (x^2 - 2x + 3)\,dx$$

$$\int_a^b + \int_b^c = \int_a^c$$

$$= \left[\frac{1}{3}x^3 - x^2 + 3x\right]_{-2}^2$$

$$= \frac{1}{3}\{2^3 - (-2)^3\} - \{2^2 - (-2)^2\} + 3\{2 - (-2)\}$$

↑項別に代入

$$= \frac{16}{3} - 0 + 3\cdot 4 = \frac{16}{3} + \frac{36}{3} = \frac{52}{3}$$

問65 次の定積分を求めよ。

$$\int_{-3}^{-1} (3x^2 - 6x)\,dx + \int_{-1}^2 (3x^2 - 6x)\,dx$$

解

$$\int_{-3}^{-1} (3x^2 - 6x)\,dx + \int_{-1}^2 (3x^2 - 6x)\,dx$$

練習105 次の定積分を求めよ。

(1) $\displaystyle\int_1^2 (x+5)\,dx + \int_2^3 (x+5)\,dx$

(2) $\displaystyle\int_{-3}^1 (2x-4)\,dx + \int_1^2 (2x-4)\,dx$

(3) $\displaystyle\int_1^2 (x^2+3)\,dx + \int_2^3 (x^2+3)\,dx$

(4) $\displaystyle\int_{-2}^3 (6x^2-4x)\,dx - \int_2^3 (6x^2-4x)\,dx$

66 面 積 (1)

⬦ 曲線と x 軸の間の面積を求める

$y=f(x)$ と x 軸，および $x=a$，$x=b$ で囲まれた部分の面積 S は

$a \leqq x \leqq b$ で $f(x) \geqq 0$ のとき，　$S=\displaystyle\int_a^b f(x)dx$

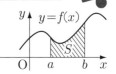

例66 放物線 $y=x^2+1$ と x 軸，および $x=-1$，$x=2$ で囲まれた部分の面積 S を求めよ。

解 $y=x^2+1$ の

グラフは右の図

のようになる。

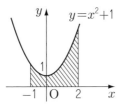

　よって，

$S=\displaystyle\int_{-1}^2 (x^2+1)dx$ ← グラフをかくことによって $y=x^2+1 \geqq 0$ を確かめる。

$=\left[\dfrac{1}{3}x^3+x\right]_{-1}^2$

$=\dfrac{1}{3}\{2^3-(-1)^3\}+\{2-(-1)\}$

$=\dfrac{1}{3}(8+1)+3=\boldsymbol{6}$

問66 放物線 $y=-x^2+9$ と x 軸，および $x=-2$，$x=1$ で囲まれた部分の面積 S を求めよ。

解

練習106 次の曲線と各直線によって囲まれた部分の面積 S を求めよ。

(1) $y=x^2+2x$，x 軸，$x=1$，$x=3$

(2) $y=-x^2+4$，x 軸，$x=-1$，$x=1$

(3) $y=-x^2+2x$，x 軸

(4) $y=-x^2+x+2$，x 軸

67　面　積（2）

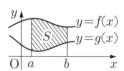

⚠️ 2 曲線間の面積を求める

$y=f(x)$，$y=g(x)$，および $x=a$，$x=b$ で囲まれた部分の面積 S

は，$a≦x≦b$ で $f(x)≧g(x)$ のとき，　$S=\displaystyle\int_a^b \{f(x)-g(x)\}dx$

例67 放物線 $y=x^2-1$，直線 $y=x+1$

で囲まれた部分の面積 S を求めよ。

解　$x^2-1=x+1$ を解くと，

$x^2-x-2=0$

$(x-2)(x+1)=0$

$x=2,\ -1$ ←交点の x 座標

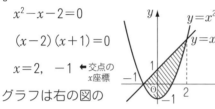

グラフは右の図の

ようになるから，

↑グラフで上下の確認

$S=\displaystyle\int_{-1}^2 \{(x+1)-(x^2-1)\}dx$ ←$\int\{(上)-(下)\}dx$

$=\displaystyle\int_{-1}^2 (-x^2+x+2)dx$

$=\left[-\dfrac{1}{3}x^3+\dfrac{1}{2}x^2+2x\right]_{-1}^2$

$=-\dfrac{1}{3}\{2^3-(-1)^3\}+\dfrac{1}{2}\{2^2-(-1)^2\}+2\{2-(-1)\}$

$=-\dfrac{9}{3}+\dfrac{3}{2}+2\cdot3=-3+\dfrac{3}{2}+6=\dfrac{9}{2}$

問67 放物線 $y=-x^2$，直線 $y=-2x-8$

で囲まれた部分の面積 S を求めよ。

解

練習107　次の曲線や直線で囲まれた部分の面積 S を求めよ。

(1)　$y=x^2-3,\ y=2x$

(2)　$y=x^2,\ y=-x^2+2x$

左側縦：第6章　微分法と積分法

高校数学

直接書き込む

やさしい
数学Ⅱノート

［三訂版］

別冊解答

旺文社

直接書き込む

やさしい
数学Ⅱノート
[三訂版]

別冊解答

旺文社

1 ▶ 3次式の展開

考え方 3乗の展開公式は各項の規則性を，展開すると3乗の和・差になる式はその特徴を押さえよう。

問1 (1) $(x-2)^3=x^3-3\cdot x^2\cdot 2+3\cdot x\cdot 2^2-2^3$
$$=\boldsymbol{x^3-6x^2+12x-8}$$

← $(a-b)^3=a^3-3a^2b+3ab^2-b^3$
$(x-2)^3=x^3-2^3=x^3-8$ は，誤り

(2) $(a+3b)^3=a^3+3\cdot a^2\cdot(3b)+3\cdot a\cdot(3b)^2+(3b)^3$
$$=\boldsymbol{a^3+9a^2b+27ab^2+27b^3}$$

← $(a+b)^3=a^3+3a^2b+3ab^2+b^3$
3項目の $3\cdot a\cdot(3b)^2=27ab^2$ を
$3\cdot a\cdot 3b^2=9ab^2$ とするミスに注意！

(3) $(x+1)(x^2-x+1)=x^3+1^3=\boldsymbol{x^3+1}$

← $(a+b)(a^2-ab+b^2)=a^3+b^3$

練習1 ▶ (1) $(x-3)^3=x^3-3\cdot x^2\cdot 3+3\cdot x\cdot 3^2-3^3$
$$=\boldsymbol{x^3-9x^2+27x-27}$$

← $x^3-3\cdot x^2\cdot(-3)+\cdots$ とするミスに注意！

(2) $(a+2b)^3=a^3+3\cdot a^2\cdot(2b)+3\cdot a\cdot(2b)^2+(2b)^3$
$$=\boldsymbol{a^3+6a^2b+12ab^2+8b^3}$$

← $\cdots+3\cdot a\cdot 2b^2+2b^3$ は，誤り

(3) $(3x-2y)^3=(3x)^3-3\cdot(3x)^2\cdot(2y)+3\cdot(3x)\cdot(2y)^2-(2y)^3$
$$=\boldsymbol{27x^3-54x^2y+36xy^2-8y^3}$$

← $3x^3-3\cdot 3x^2\cdot 2y+3\cdot 3x\cdot 2y^2-2y^3$ は，誤り

(4) $(a+3)(a^2-3a+9)=a^3+3^3=\boldsymbol{a^3+27}$

← $(a+b)(a^2-ab+b^2)=a^3+b^3$

(5) $(x-2y)(x^2+2xy+4y^2)=x^3-(2y)^3=\boldsymbol{x^3-8y^3}$

← $(a-b)(a^2+ab+b^2)=a^3-b^3$

(6) $(2x+3y)(4x^2-6xy+9y^2)$
$=(2x+3y)\{(2x)^2-(2x)(3y)+(3y)^2\}$
$=(2x)^3+(3y)^3=\boldsymbol{8x^3+27y^3}$

← このように分解できる目を養おう

2 ▶ 3次式の因数分解

考え方 3次式の因数分解では，3乗の和・差の公式や $(a\pm b)^3$ への公式が使えないか，調べよう。

問2 (1) $a^3+1=a^3+1^3$
$$=\boldsymbol{(a+1)(a^2-a+1)}$$

← $a^3+b^3=(a+b)(a^2-ab+b^2)$ の公式

(2) $8x^3-27y^3=(2x)^3-(3y)^3$
$=(2x-3y)\{(2x)^2+(2x)(3y)+(3y)^2\}$
$=\boldsymbol{(2x-3y)(4x^2+6xy+9y^2)}$

← $a^3-b^3=(a-b)(a^2+ab+b^2)$ の公式

(3) $a^3-3a^2+3a-1=a^3-3\cdot a^2\cdot 1+3\cdot a\cdot 1^2-1^3$
$$=\boldsymbol{(a-1)^3}$$

← $a^3-3a^2b+3ab^2-b^3=(a-b)^3$ の公式

練習2 ▶ (1) $x^3+64=x^3+4^3=\boldsymbol{(x+4)(x^2-4x+16)}$

(2) $8a^3-b^3=(2a)^3-b^3=(2a-b)\{(2a)^2+2a\cdot b+b^2\}$
$$=\boldsymbol{(2a-b)(4a^2+2ab+b^2)}$$

$a^3+b^3=(a+b)(a^2-ab+b^2)$ の公式の誤答例
$a^3+b^3\rightarrow(a+b)^3$　　　気をつけよう！
$a^3+b^3\rightarrow(a+b)(a^2-2ab+b^2)$
$=(a+b)(a-b)^2$

(3) $a^3+\dfrac{b^3}{8}=a^3+\left(\dfrac{b}{2}\right)^3=\boldsymbol{\left(a+\dfrac{b}{2}\right)\left(a^2-\dfrac{ab}{2}+\dfrac{b^2}{4}\right)}$

(4) $125a^3-27b^3=(5a)^3-(3b)^3$
$=(5a-3b)\{(5a)^2+(5a)(3b)+(3b)^2\}$
$=\boldsymbol{(5a-3b)(25a^2+15ab+9b^2)}$

$a^3+3a^2b+3ab^2+b^3=(a+b)^3$ は次のように，組合せを考えて因数分解することもできる
$(a^3+b^3)+(3a^2b+3ab^2)$
$=(a+b)(a^2-ab+b^2)+3ab(a+b)$
$=(a+b)(a^2-ab+b^2+3ab)$
$=(a+b)(a^2+2ab+b^2)$
$=(a+b)(a+b)^2$
$=(a+b)^3$

(5) $8a^3+12a^2+6a+1=(2a)^3+3\cdot(2a)^2\cdot 1+3\cdot(2a)\cdot 1^2+1^3$
$$=\boldsymbol{(2a+1)^3}$$

(6) $x^3-9x^2y+27xy^2-27y^3=x^3-3\cdot x^2\cdot(3y)+3\cdot x\cdot(3y)^2-(3y)^3$
$$=\boldsymbol{(x-3y)^3}$$

二項定理(1)

考え方 $(a+b)^n$ の展開式は規則性を理解して覚えよう。

問 3 (1) パスカルの三角形を完成すると，6 行目は

←1+5=6，5+10=15，10+10=20 などから

1, $\boxed{6}$, $\boxed{15}$, $\boxed{20}$, $\boxed{15}$, $\boxed{6}$, 1 となる。

よって，

$$(a+b)^6=a^6+6a^5b+15a^4b^2+20a^3b^3+15a^2b^4+6ab^5+b^6$$

(2) 一般項は $_6\mathrm{C}_r x^{6-r}(2y)^r=_6\mathrm{C}_r x^{6-r}\cdot 2^r y^r=_6\mathrm{C}_r\cdot 2^r\cdot x^{6-r}y^r$

←係数と文字を分けていく

よって，x^2y^4 の係数は $r=4$ として，$_6\mathrm{C}_4\cdot 2^4=15\times 16=\mathbf{240}$

練習 3 (1) $(x+2y)^6=_6\mathrm{C}_0 x^6+_6\mathrm{C}_1 x^5(2y)+_6\mathrm{C}_2 x^4(2y)^2+_6\mathrm{C}_3 x^3(2y)^3+_6\mathrm{C}_4 x^2(2y)^4+_6\mathrm{C}_5 x(2y)^5+_6\mathrm{C}_6(2y)^6$

$=x^6+6x^5\cdot 2y+15x^4\cdot 4y^2+20x^3\cdot 8y^3+15x^2\cdot 16y^4+6x\cdot 32y^5+64y^6$

$=\mathbf{x^6+12x^5y+60x^4y^2+160x^3y^3+240x^2y^4+192xy^5+64y^6}$

↑二項定理の a に x，b に $2y$ を代入する。$2y$ の（ ）を落とさないように注意する

参考 パスカルの三角形を用いると，

$(x+2y)^6=1\cdot x^6+6x^5(2y)+15x^4(2y)^2+20x^3(2y)^3+15x^2(2y)^4+6x(2y)^5+1\cdot(2y)^6$

$=x^6+12x^5y+60x^4y^2+160x^3y^3+240x^2y^4+192xy^5+64y^6$

(2) $(3a-2b)^4=_4\mathrm{C}_0(3a)^4+_4\mathrm{C}_1(3a)^3(-2b)+_4\mathrm{C}_2(3a)^2(-2b)^2+_4\mathrm{C}_3(3a)(-2b)^3+_4\mathrm{C}_4(-2b)^4$

$=81a^4+4\cdot 27a^3\cdot(-2b)+6\cdot 9a^2\cdot 4b^2+4\cdot 3a\cdot(-8b^3)+16b^4$

$=\mathbf{81a^4-216a^3b+216a^2b^2-96ab^3+16b^4}$

↑二項定理の a に $3a$，b に $-2b$ を代入する。$3a$ と $-2b$ の（ ）を落とさないように注意する

参考 パスカルの三角形を用いると，

$(3a-2b)^4=1\cdot(3a)^4+4(3a)^3(-2b)+6(3a)^2(-2b)^2+4\cdot 3a(-2b)^3+1\cdot(-2b)^4$

$=81a^4-216a^3b+216a^2b^2-96ab^3+16b^4$

練習 4 (1) 一般項は，$_5\mathrm{C}_r(3x)^{5-r}(4y)^r=_5\mathrm{C}_r 3^{5-r}x^{5-r}\cdot 4^r y^r$

←一般項 $_n\mathrm{C}_r a^{n-r}b^r$

$=_5\mathrm{C}_r 3^{5-r}\cdot 4^r\cdot x^{5-r}y^r$

←係数は $_5\mathrm{C}_r 3^{5-r}\cdot 4^r$

であるから，x^3y^2 の係数は $r=2$ として，

←$r=2$ のとき，$x^{5-r}y^r=x^3y^2$ となる

$_5\mathrm{C}_2 3^3\cdot 4^2=10\times 27\times 16=\mathbf{4320}$

(2) 一般項は，$_7\mathrm{C}_r(2x)^{7-r}(-3y)^r=_7\mathrm{C}_r 2^{7-r}x^{7-r}\cdot(-3)^r y^r$

$=_7\mathrm{C}_r 2^{7-r}(-3)^r\cdot x^{7-r}y^r$

←係数と文字に分ける

であるから，x^4y^3 の係数は $r=3$ として，

$_7\mathrm{C}_3 2^4\cdot(-3)^3=35\times 16\times(-27)=\mathbf{-15120}$

(3) 一般項は $_8\mathrm{C}_r(x^2)^{8-r}(-2y)^r=_8\mathrm{C}_r x^{16-2r}\cdot(-2)^r y^r$

←$(x^m)^n=x^{mn}$ より $(x^2)^{8-r}=x^{2(8-r)}$

$=_8\mathrm{C}_r(-2)^r\cdot x^{16-2r}y^r$

であるから，$x^{10}y^3$ の係数は $r=3$ として，

←$r=3$ のとき，$x^{16-2r}y^r=x^{10}y^3$ となる

$_8\mathrm{C}_3\cdot(-2)^3=56\times(-8)=\mathbf{-448}$

(4) 一般項は，$_5\mathrm{C}_r x^{5-r}(3y^2)^r=_5\mathrm{C}_r x^{5-r}\cdot 3^r(y^2)^r$

$=_5\mathrm{C}_r 3^r\cdot x^{5-r}y^{2r}$

であるから，x^3y^4 の係数は $r=2$ として，

←$r=2$ のとき，$x^{5-r}y^{2r}=x^3y^4$ となる

$_5\mathrm{C}_2\cdot 3^2=10\times 9=\mathbf{90}$

 二項定理(2)

考え方 $_n\mathrm{C}_r$ の式についての証明は，$(1+x)^n$ の展開式を利用しよう。

$(a+b+c)^n$ の展開は $a+b=A$ として $(A+c)^n$ を展開し，その後で A^r の展開を考える。

問 4　$(1+x)^n = {}_nC_0 + {}_nC_1 x + {}_nC_2 x^2 + \cdots + {}_nC_n x^n$ であるから，

$x = -1$ を代入すると，

$$0 = {}_nC_0 + {}_nC_1 \cdot (-1) + {}_nC_2 \cdot (-1)^2 + \cdots + {}_nC_n \cdot (-1)^n$$

よって，${}_nC_0 - {}_nC_1 + {}_nC_2 - \cdots + (-1)^n {}_nC_n = 0$

← $(1+x)^n$ が 0 になればよいので $x = -1$ を代入する

練習 5　$(1+x)^n = {}_nC_0 + {}_nC_1 x + {}_nC_2 x^2 + \cdots + {}_nC_n x^n$ であるから，

両辺に $x = 2$ を代入すると

$$3^n = {}_nC_0 + {}_nC_1 \cdot 2 + {}_nC_2 \cdot 2^2 + \cdots + {}_nC_n \cdot 2^n$$

よって，${}_nC_0 + 2 \cdot {}_nC_1 + 4 \cdot {}_nC_2 + \cdots + 2^n \cdot {}_nC_n = 3^n$

← $(1+x)^n = 3^n$ になればよいので，$x = 2$ を代入する

練習 6　(1)　一般項は，${}_6C_r A^{6-r} (-2z)^r = {}_6C_r (-2)^r \cdot A^{6-r} z^r$

であるから，$A^3 z^3$ の係数は $r = 3$ として，

$${}_6C_3 (-2)^3 = 20 \times (-8) = \mathbf{-160}$$

← $(A - 2z)^6$ の展開式において $A^3 z^3$ の項は，$-160 A^3 z^3$ となる

(2)　一般項は，${}_3C_r x^{3-r} (3y)^r = {}_3C_r 3^r \cdot x^{3-r} y^r$

であるから，$x^2 y$ の係数は $r = 1$ として，

$${}_3C_1 \cdot 3^1 = 3 \times 3 = 9$$

したがって，$(x + 3y - 2z)^6$ の展開式における $x^2 y z^3$ の係数は

$$-160 \times 9 = \mathbf{-1440}$$

← A^3 の展開式において $x^2 y$ の項は，$9x^2 y$ となる

← $x^2 y z^3$ の項は $-160(9x^2 y) \cdot z^3$ となる

5　整式の割り算

考え方　割り算は，同類項がたてに並ぶようにかいて行う。商と余りは

（割られる式 A）＝（割る式 B）×（商 Q）＋（余り R）　　（余り R の次数）＜（割る式 B の次数）

なので，計算途中の割られる式の次数が割る式の次数より低くなれば，割り算は終了である。

問 5

$$
\begin{array}{r}
x - 2 \\
x - 3 \,\overline{)\, x^2 - 5x + 8} \\
\underline{x^2 - 3x} \\
-2x + 8 \\
\underline{-2x + 6} \\
2
\end{array}
$$

← x　-2

← x に何を掛けると x^2 か

← $x(x-3) = x^2 - 3x$

← x に何を掛けると $-2x$ か

← $-2(x-3) = -2x + 6$

← $8 - 6 = 2$

商 $x - 2$，余り 2　← 左の計算から　$A = B(x-2) + 2$ が成り立つ

係数のみに着目すると

$$
\begin{array}{r}
1 \quad -2 \\
1 \quad -3 \,\overline{)\, 1 \quad -5 \quad 8} \\
\underline{1 \quad -3} \\
-2 \quad 8 \\
\underline{-2 \quad 6} \\
2
\end{array}
$$

と計算することもできる

練習 7

(1)

$$
\begin{array}{r}
2x + 5 \\
x - 2 \,\overline{)\, 2x^2 + x + 4} \\
\underline{2x^2 - 4x} \\
5x + 4 \\
\underline{5x - 10} \\
14
\end{array}
$$

← $2x$　$+5$

← x に何を掛けると $2x^2$ か

← $2x(x-2) = 2x^2 - 4x$

← x に何を掛けると $5x$ か

← $5(x-2) = 5x - 10$

← $4 - (-10) = 14$

商 $2x + 5$，余り 14

(2)

$$
\begin{array}{r}
x - 1 \\
x^2 + x + 6 \,\overline{)\, x^3 \quad\quad + 5x - 6} \\
\underline{x^3 + x^2 + 6x} \\
-x^2 - x - 6 \\
\underline{-x^2 - x - 6} \\
0
\end{array}
$$

← 割られる式を降べきの順に。x^2 の項を空ける！

← $-x^2 - x - 6$ は $x^2 + x + 6$ の次数と同じなので割り算はさらに続く！

商 $x - 1$，余り 0

練習 8　$A \div B = x + 2$ 余り $4x + 3$ であるから，

$$A = B(x+2) + 4x + 3$$

よって，$B(x+2) = A - (4x+3)$

$$= x^3 + x^2 + 3x + 5 - 4x - 3$$

$$= x^3 + x^2 - x + 2$$

ゆえに，$B = (x^3 + x^2 - x + 2) \div (x+2)$

右の計算により，$\boldsymbol{B = x^2 - x + 1}$

← $A \div B = Q$ 余り R のとき，$A = BQ + R$

$$
\begin{array}{r}
x^2 - x + 1 \\
x + 2 \,\overline{)\, x^3 + x^2 - x + 2} \\
\underline{x^3 + 2x^2} \\
-x^2 - x \\
\underline{-x^2 - 2x} \\
x + 2 \\
\underline{x + 2} \\
0
\end{array}
$$

← $A = x^3 + x^2 + 3x + 5$ を代入

← $B = A \div (x+2)$ とする誤りに注意

分数式の計算

考え方　掛け算や割り算では約分を忘れずに。たし算や引き算で，分母が同じでないときは，分母を同じに，通分してから行う。

問6 (1) $\dfrac{x+3}{x^2-2x}\times\dfrac{x-2}{x+1}=\dfrac{x+3}{x(x-2)}\times\dfrac{x-2}{x+1}=\dfrac{x+3}{x(x+1)}$ 　←掛け算なのでそのまま掛ける。約分するために因数分解する！

(2) $\dfrac{1}{x+2}+\dfrac{3}{x-3}=\dfrac{x-3}{(x+2)(x-3)}+\dfrac{3(x+2)}{(x+2)(x-3)}=\dfrac{x-3+3x+6}{(x+2)(x-3)}=\dfrac{4x+3}{(x+2)(x-3)}$ 　←分母が同じでないから通分する。分母・分子に同じものを掛ける！

練習9 (1) $\dfrac{x-4}{x^2-3x}\times\dfrac{x-3}{x-2}=\dfrac{x-4}{x(x-3)}\times\dfrac{x-3}{x-2}=\dfrac{x-4}{x(x-2)}$ 　←掛け算なのでそのまま掛ける。約分を忘れずに！

(2) $\dfrac{x^2-11x+24}{x^2-6x-16}\div\dfrac{x^2-6x+9}{x^2+2x}=\dfrac{x^2-11x+24}{x^2-6x-16}\times\dfrac{x^2+2x}{x^2-6x+9}=\dfrac{(x-8)(x-3)}{(x-8)(x+2)}\times\dfrac{x(x+2)}{(x-3)^2}=\dfrac{x}{x-3}$ 　←割り算なので，まずは逆にする！

(3) $\dfrac{1}{x-1}-\dfrac{1}{x+2}=\dfrac{x+2}{(x-1)(x+2)}-\dfrac{x-1}{(x-1)(x+2)}=\dfrac{x+2-x+1}{(x-1)(x+2)}=\dfrac{3}{(x-1)(x+2)}$ 　←分母をそろえてから計算

(4) $\dfrac{1}{x^2-x}+\dfrac{1}{x^2-3x+2}=\dfrac{1}{x(x-1)}+\dfrac{1}{(x-1)(x-2)}=\dfrac{x-2}{x(x-1)(x-2)}+\dfrac{x}{x(x-1)(x-2)}$ 　←因数分解してから分母をそろえる

$=\dfrac{2x-2}{x(x-1)(x-2)}=\dfrac{2(x-1)}{x(x-1)(x-2)}=\dfrac{2}{x(x-2)}$

 恒等式

考え方　両辺を降べきの順に整理して，同じ次数の係数が同じとして式をたてる。（係数比較法）

問7 等式の左辺を x について整理すると，　　←$a(x^2+2x+1)+b(x+1)+c=2x^2+x+4$

$ax^2+(2a+b)x+a+b+c=2x^2+x+4$ 　　←$ax^2+bx+c=a'x^2+b'x+c'$ の形にして比較

恒等式なので，両辺の係数を比べて，　　←x^2, x の係数，定数項について等しいという式をたてる

$a=2$, $2a+b=1$, $a+b+c=4$ 　　←a を第2式に代入して，$4+b=1$ より b を求める

これを解いて，**$a=2$, $b=-3$, $c=5$** 　　　さらに c は a, b を第3式に代入して求める

練習10

(1) 等式の左辺を整理すると，　　←まずは，降べきの順に

$ax^2+(4a+b)x+4a+2b+c=x^2+x$

恒等式なので，両辺の係数を比べて，

$a=1$, $4a+b=1$, $4a+2b+c=0$ 　←定数項は0

これを解いて，**$a=1$, $b=-3$, $c=2$**

(2) $a(x^2+3x+2)+b(x+1)+c=x^2-x+3$

$ax^2+(3a+b)x+2a+b+c=x^2-x+3$

恒等式なので，両辺の係数を比べて，

$a=1$, $3a+b=-1$, $2a+b+c=3$

これを解いて，**$a=1$, $b=-4$, $c=5$**

(3) $\dfrac{3x-5}{(x+1)(x-3)}=\dfrac{a}{x+1}+\dfrac{b}{x-3}$

両辺に $(x+1)(x-3)$ を掛けると　　←まず分母をはらう

$3x-5=a(x-3)+b(x+1)$

$\qquad\ =(a+b)x+(-3a+b)$ 　　←右辺を○x+△ の式にする

恒等式なので，両辺の係数を比べて，

$a+b=3$, $-3a+b=-5$

これを解いて，**$a=2$, $b=1$**

8▸ 等式の証明

考え方 等式 $A=B$ を証明するには，① 一方（複雑な方）を変形して他方を導く，② 両方を変形して同じ式を導く，③ $A-B$ を計算して 0 を導く，のいずれかである。

証明問題は，自己流にならないように模範解答をまねる答案をかきたい。両辺をイコールで結んだまま変形していくような答案では，証明になっていない。

問 8 (1)　(左辺)$=a^4-2a^2b^2+b^4+4a^2b^2=a^4+2a^2b^2+b^4$　　← $(2ab)^2=2^2a^2b^2=4a^2b^2$

(右辺)$=a^4+2a^2b^2+b^4$　　←公式 $(a+b)^2=a^2+2ab+b^2$ を用いる

両辺とも同じ式になるから，$(a^2-b^2)^2+(2ab)^2=(a^2+b^2)^2$　　←考え方②の方法で証明している

(2)　$a+b+c=0$ より，$c=-a-b$　　←条件を用いて c を消す

(右辺)$=(a+c)c$　　←c^2+ac に $c=-a-b$ を代入してもよい

$=(a-a-b)(-a-b)$

$=-b(-a-b)$

$=ab+b^2=$(左辺)　　←①の証明法

よって，$b^2+ab=c^2+ac$

(3)　$\dfrac{a}{b}=\dfrac{c}{d}=k$ とおくと，$a=bk,\ c=dk$　　←$\dfrac{a}{b}=k$ より $a=bk$, $\dfrac{c}{d}=k$ より $c=dk$

(左辺)$=\dfrac{(bk)\cdot b}{(bk)^2+b^2}=\dfrac{b^2k}{b^2k^2+b^2}=\dfrac{b^2k}{b^2(k^2+1)}=\dfrac{k}{k^2+1}$

(右辺)$=\dfrac{(dk)\cdot d}{(dk)^2+d^2}=\dfrac{d^2k}{d^2k^2+d^2}=\dfrac{d^2k}{d^2(k^2+1)}=\dfrac{k}{k^2+1}$

よって，$\dfrac{ab}{a^2+b^2}=\dfrac{cd}{c^2+d^2}$　　←②の証明法

練習 11

(1)　(左辺)$=x^2+2xy+y^2-(x^2-2xy+y^2)$

$=4xy=$(右辺)　　←考え方①の方法

よって，$(x+y)^2-(x-y)^2=4xy$

(2)　(左辺)$=4a^2+4ab+b^2+a^2-4ab+4b^2=5a^2+5b^2$

(右辺)$=5a^2+5b^2$　　←考え方②の方法

よって，$(2a+b)^2+(a-2b)^2=5(a^2+b^2)$

(3)　(左辺)$=a^2x^2-a^2y^2-b^2x^2+b^2y^2$

(右辺)$=a^2x^2+2abxy+b^2y^2-(a^2y^2+2abxy+b^2x^2)$

$=a^2x^2-a^2y^2-b^2x^2+b^2y^2$　　←考え方②の方法

よって，$(a^2-b^2)(x^2-y^2)=(ax+by)^2-(ay+bx)^2$

(4)　(左辺)$=x^2y^2+x^2+y^2+1$

(右辺)$=x^2y^2+2xy+1+x^2-2xy+y^2$

$=x^2y^2+x^2+y^2+1$　　←考え方②の方法

よって，$(x^2+1)(y^2+1)=(xy+1)^2+(x-y)^2$

練習 12　$a+b+c=0$ より，$c=-a-b$ であるから，

(左辺)$=ab(a+b)+a(-a-b)(a-a-b)+2ab(-a-b)$　　←$c=-a-b$ を代入する

$=ab(a+b)+ab(a+b)-2ab(a+b)$

$=0=$(右辺)　　←①の証明法

よって，$ab(a+b)+ac(a+c)+2abc=0$

別解　$a+b+c=0$ より，$a+b=-c,\ a+c=-b$ であるから

(左辺)$=ab(-c)+ac(-b)+2abc$

$=-abc-abc+2abc$

$=0=$(右辺)　　←①の証明法

練習 13　$\dfrac{a}{b}=\dfrac{c}{d}=k$ とおくと，$a=bk,\ c=dk$ であるから，　　←$\dfrac{a}{b}=k$ より $a=bk$, $\dfrac{c}{d}=k$ より $c=dk$

(左辺)$=\dfrac{2bk+dk}{2b+d}=\dfrac{(2b+d)k}{2b+d}=k=$(右辺)　　←①の証明法，$k=\dfrac{a}{b}=$(右辺)

よって，$\dfrac{2a+c}{2b+d}=\dfrac{a}{b}$

不等式の証明

考え方 $A\geqq B$ の証明は ① $A-B$ をつくり，平方完成にもちこむ。（実数）$^2\geqq0$ の利用。
② $A\geqq0,\ B\geqq0$ のときには，$A^2\geqq B^2$ を示してもよい。

問 9 (1) $(ab+4)-2(a+b)$　　　　　　　　　　　←左辺−右辺
$=\underline{ab-2a}-\underline{2b+4}$
$=b(a-2)-2(a-2)$　　　　　　　　　　　　←$a-2$ が共通因数なのでくくる
$=(a-2)(b-2)>0$　　　　　　　　　　　　←$a>2$ より $a-2>0$，$b>2$ より $b-2>0$
よって，$ab+4>2(a+b)$

(2) $x^2+10y^2-6xy=x^2-6xy+9y^2-9y^2+10y^2$　　←$x^2-6xy+\left(-\dfrac{6}{2}y\right)^2=(x-3y)^2$
$\qquad\qquad\qquad=(x-3y)^2+y^2\geqq0$　　←$(x-3y)^2\geqq0,\ y^2\geqq0,\ $（実数）^{2} をつくる
よって，$x^2+10y^2\geqq6xy$
また，等号は $x-3y=0$ かつ $y=0$
すなわち **$x=y=0$** のとき成り立つ。　　　　←$x=3y$ かつ $y=0$ より，$x=y=0$

(3) （右辺）^{2}−（左辺）$^2=(a+4\sqrt{a}+4)-(a+4)$
$\qquad\qquad\qquad\qquad=4\sqrt{a}>0$　　　←$A^2-B^2>0$ より，$A^2>B^2$
よって，$(\sqrt{a+4})^2<(\sqrt{a}+2)^2$
$a>0$ より，$\sqrt{a+4}>0$，$\sqrt{a}+2>0$ であるから，　←両辺とも正であるから，2乗したものと大小関係は変わらない
$\sqrt{a+4}<\sqrt{a}+2$

練習 14 (1) $(ac+bd)-(ad+bc)=\underline{ac}+\underline{bd}-\underline{ad}-\underline{bc}$　←左辺−右辺
$\qquad\qquad\qquad\qquad\qquad=c(a-b)-d(a-b)$　←共通因数 $a-b$ でくくる
$\qquad\qquad\qquad\qquad\qquad=(a-b)(c-d)>0$　←$a>b$ より $a-b>0$，$c>d$ より $c-d>0$
よって，$ac+bd>ad+bc$

(2) $x^2-2xy+3y^2=x^2-2xy+y^2-y^2+3y^2=(x-y)^2+2y^2\geqq0$　←$(x-y)^2\geqq0,\ 2y^2\geqq0$
よって，$x^2-2xy+3y^2\geqq0$
等号は $x-y=0$ かつ $y=0$ のときすなわち **$x=y=0$** のとき成り立つ。

(3) $x^2+y^2-xy=x^2-xy+y^2$　　　　　　　　←差をとる
$\qquad\qquad=x^2-xy+\dfrac{y^2}{4}-\dfrac{y^2}{4}+y^2=\left(x-\dfrac{y}{2}\right)^2+\dfrac{3}{4}y^2\geqq0$　←$\left(x-\dfrac{y}{2}\right)^2\geqq0,\ \dfrac{3}{4}y^2\geqq0$
よって，$x^2+y^2\geqq xy$
等号は $x-\dfrac{y}{2}=0$ かつ $y=0$ のときすなわち **$x=y=0$** のとき成り立つ。

練習 15 （右辺）^{2}−（左辺）$^2=(a+2\sqrt{ab}+b)-(a+b)=2\sqrt{ab}>0$　←$A^2-B^2>0$ より，$A^2>B^2$
よって，$(\sqrt{a+b})^2<(\sqrt{a}+\sqrt{b})^2$
$a>0$，$b>0$ より，$\sqrt{a+b}>0$，$\sqrt{a}+\sqrt{b}>0$ であるから，　←両辺とも正であるから，2乗したものと大小関係は変わらない
$\sqrt{a+b}<\sqrt{a}+\sqrt{b}$

10 相加平均と相乗平均

考え方 $a+b \geqq 2\sqrt{ab}$ の形で用いる。また，$a>0$，$b>0$ の確認も忘れないこと。

問10 $a>0$，$b>0$ だから，$ab>0$，$\dfrac{4}{ab}>0$ である。　　←両方とも正のとき使える関係の確認

相加平均と相乗平均の関係から，$ab+\dfrac{4}{ab} \geqq 2\sqrt{ab \cdot \dfrac{4}{ab}} = 2\sqrt{4} = 4$　　←$\dfrac{a+b}{2} \geqq \sqrt{ab}$ の両辺に 2 を掛けて $a+b \geqq 2\sqrt{ab}$ として利用している

等号は $ab=\dfrac{4}{ab}$　つまり $(ab)^2=4$，$ab>0$ より **$ab=2$** のとき成り立つ。　　←$ab=\pm 2$ であるが $a>0$, $b>0$ より $ab>0$

練習16

(1) $a>0$，$b>0$ だから，$\dfrac{b}{a}>0$, $\dfrac{a}{b}>0$ である。

相加平均と相乗平均の関係から，

$$\dfrac{b}{a}+\dfrac{a}{b} \geqq 2\sqrt{\dfrac{b}{a} \cdot \dfrac{a}{b}} = 2$$

等号は $\dfrac{b}{a}=\dfrac{a}{b}$　つまり $a^2=b^2$　←$a=-b$ を除く

$a>0$，$b>0$ より **$a=b$** のとき成り立つ。

(2) $\left(1+\dfrac{b}{a}\right)\left(1+\dfrac{a}{b}\right) = 1+\dfrac{a}{b}+\dfrac{b}{a}+1 = \dfrac{a}{b}+\dfrac{b}{a}+2 \cdots ①$

$a>0$，$b>0$ だから，$\dfrac{a}{b}>0$, $\dfrac{b}{a}>0$ である。

相加平均と相乗平均の関係から，左辺①式はさらに

$$\dfrac{a}{b}+\dfrac{b}{a}+2 \geqq 2\sqrt{\dfrac{a}{b} \cdot \dfrac{b}{a}}+2 = 4$$

よって，$\left(1+\dfrac{b}{a}\right)\left(1+\dfrac{a}{b}\right) \geqq 4$

等号は $\dfrac{a}{b}=\dfrac{b}{a}$　つまり $a^2=b^2$，$a>0$，$b>0$ より

$a=b$ のとき成り立つ。

練習17 $x>0$ より，$\dfrac{4}{x}>0$ である。

よって，相加平均と相乗平均の関係から

$$x+\dfrac{4}{x} \geqq 2\sqrt{x \cdot \dfrac{4}{x}} = 4$$

等号は，$x=\dfrac{4}{x}$ つまり $x^2=4$

$x>0$ より，$x=2$ のとき成り立つ。

よって，$x+\dfrac{4}{x}$ は **$x=2$** のとき，**最小値 4** をとる。

←$a+b \geqq 2\sqrt{ab}$ として利用している。$x+\dfrac{4}{x}$ 式の値は 4 以上になることを示している

←$x^2=4$ の解は，$x=\pm 2$

←$x=2$ のとき，$x+\dfrac{4}{x}$ の値は 4 になる

←このように，相加平均と相乗平均の関係を用いて，最小値（または最大値）を求めることができる場合がある

11 複素数

考え方 複素数の四則は，i の入った文字式として計算し，i^2 があれば -1 におきかえる。
特に，割り算については分母と共役な複素数を分母・分子に掛けて分母を実数にする。
$(a+bi)(a-bi)=a^2+b^2$ を利用する。

問11

(1) $(4+2i)(3-i) = 12-4i+6i-2i^2 = 12+2i-2\times(-1) = \mathbf{14+2i}$　　←展開して $i^2=-1$ を用いる

(2) $\dfrac{4-3i}{1-2i} = \dfrac{(4-3i)(1+2i)}{(1-2i)(1+2i)} = \dfrac{4+8i-3i-6i^2}{1-4i^2} = \dfrac{4+5i-6\times(-1)}{1-4\times(-1)} = \dfrac{10+5i}{5} = \mathbf{2+i}$　　←分母 $(a+bi)(a-bi)$ $=a^2+b^2$ で実数に

練習18

(1) $(5+4i)+(3-5i) = \mathbf{8-i}$　　←$(5+3)+(4-5)i$

(2) $(3-2i)-(6-i) = 3-2i-6+i = \mathbf{-3-i}$　←i の文字式として整理すればよい

(3) $(3+4i)(2-3i) = 6-9i+8i-12i^2 = 6-i-12\times(-1) = \mathbf{18-i}$　　←展開して $i^2=-1$ を用いる

(4) $(2-5i)(-1+3i) = -2+6i+5i-15i^2 = -2+11i-15\times(-1) = \mathbf{13+11i}$　　←展開して $i^2=-1$ を用いる

(5) $\dfrac{4-i}{1+2i} = \dfrac{(4-i)(1-2i)}{(1+2i)(1-2i)} = \dfrac{4-8i-i+2i^2}{1-4i^2} = \dfrac{4-9i+2\times(-1)}{1-4\times(-1)} = \dfrac{2-9i}{5} = \mathbf{\dfrac{2}{5}-\dfrac{9}{5}i}$　←$(1+2i)(1-2i)=1+4=5$

(6) $\dfrac{1+2i}{4+3i}=\dfrac{(1+2i)(4-3i)}{(4+3i)(4-3i)}=\dfrac{4-3i+8i-6i^2}{16-9i^2}=\dfrac{4+5i-6\times(-1)}{16-9\times(-1)}=\dfrac{10+5i}{25}=\dfrac{2}{5}+\dfrac{1}{5}i$　　$\leftarrow (4+3i)(4-3i)$
$=16+9=25$

12 負の数の平方根と 2 次方程式の解

考え方　因数分解で解けない 2 次方程式は解の公式を利用する。解の公式は，解が虚数であろうが実数であろうが同じ形であるから，しっかりと覚えること。そして，$\sqrt{}$ の内部に負の数がでてきたら符号を変えて i をつける。

問 12　(1) $\sqrt{-32}\sqrt{-2}=\sqrt{32}\,i\times\sqrt{2}\,i$
$=4\sqrt{2}\,i\times\sqrt{2}\,i=8i^2=\boldsymbol{-8}$

$\leftarrow\sqrt{-a}$ は $\sqrt{a}\,i$ に直す
$(\sqrt{-32}\sqrt{-2}=\sqrt{(-32)(-2)}=\sqrt{64}=8$ は誤り$)$
$a<0，b<0$ のとき，$\sqrt{a}\sqrt{b}=\sqrt{ab}$ は成り立たない

(2) $x=\dfrac{-(-1)\pm\sqrt{(-1)^2-4\cdot1\cdot1}}{2\cdot1}=\dfrac{1\pm\sqrt{1-4}}{2}=\dfrac{1\pm\sqrt{-3}}{2}=\dfrac{\boldsymbol{1\pm\sqrt{3}\,i}}{\boldsymbol{2}}$　　$\leftarrow\sqrt{3}\,i$ において i は $\sqrt{}$ の外である！

練習 19　(1) $\dfrac{\sqrt{64}}{\sqrt{-4}}=\dfrac{8}{\sqrt{4}\,i}=\dfrac{8}{2i}=\dfrac{4}{i}=\dfrac{4i}{i^2}=\boldsymbol{-4i}$　　$\leftarrow\sqrt{-a}$ は $\sqrt{a}\,i$ に直す。分母の i は分母・分子に i を掛けて消す

(2) $\dfrac{\sqrt{-3}}{\sqrt{2}}=\dfrac{\sqrt{3}\,i}{\sqrt{2}}=\dfrac{\sqrt{3}\,i\cdot\sqrt{2}}{\sqrt{2}\cdot\sqrt{2}}=\dfrac{\boldsymbol{\sqrt{6}}}{\boldsymbol{2}}\boldsymbol{i}$　　$\leftarrow\sqrt{-a}$ は $\sqrt{a}\,i$ に直す

練習 20　(1) $x=\dfrac{-1\pm\sqrt{1^2-4\cdot1\cdot2}}{2\cdot1}=\dfrac{-1\pm\sqrt{1-8}}{2}=\dfrac{-1\pm\sqrt{-7}}{2}=\dfrac{\boldsymbol{-1\pm\sqrt{7}\,i}}{\boldsymbol{2}}$　　$\leftarrow a=1，b=1，c=2$ として解の公式を利用する

(2) $x=\dfrac{-3\pm\sqrt{3^2-4\cdot1\cdot5}}{2\cdot1}=\dfrac{-3\pm\sqrt{9-20}}{2}=\dfrac{-3\pm\sqrt{-11}}{2}=\dfrac{\boldsymbol{-3\pm\sqrt{11}\,i}}{\boldsymbol{2}}$　　$\leftarrow a=1，b=3，c=5$ として解の公式を利用する

(3) $x=\dfrac{-(-2)\pm\sqrt{(-2)^2-4\cdot3\cdot4}}{2\cdot3}=\dfrac{2\pm\sqrt{4-48}}{6}=\dfrac{2\pm\sqrt{-44}}{6}=\dfrac{2\pm\sqrt{44}\,i}{6}$
$=\dfrac{2\pm2\sqrt{11}\,i}{6}=\dfrac{\boldsymbol{1\pm\sqrt{11}\,i}}{\boldsymbol{3}}$　　$\leftarrow$約分できる！

(4) $x=\dfrac{-(-4)\pm\sqrt{(-4)^2-4\cdot2\cdot3}}{2\cdot2}=\dfrac{4\pm\sqrt{16-24}}{4}=\dfrac{4\pm\sqrt{-8}}{4}=\dfrac{4\pm\sqrt{8}\,i}{4}$
$=\dfrac{4\pm2\sqrt{2}\,i}{4}=\dfrac{\boldsymbol{2\pm\sqrt{2}\,i}}{\boldsymbol{2}}$　　$\leftarrow$約分できる！

13 判別式

考え方　解の判別には，判別式 $D=b^2-4ac$ を用いる。判別式は解の公式の $\sqrt{}$ の内部である。よって，
① $D>0 \iff$ 異なる 2 つの実数解　② $D=0 \iff$ 重解　③ $D<0 \iff$ 異なる 2 つの虚数解
である。

練習 21
(1) $D=3^2-4\cdot2\cdot5=9-40=-31<0$　　　よって，**異なる 2 つの虚数解をもつ**　$\leftarrow D=b^2-4ac，D<0$
(2) $D=(-6)^2-4\cdot9\cdot1=36-36=0$　　　よって，**重解をもつ**　　　　　　　$\leftarrow D=0$
(3) $D=(-4)^2-4\cdot1\cdot(-7)=16+28=44>0$　　よって，**異なる 2 つの実数解をもつ**　$\leftarrow D>0$
(4) $D=(-3)^2-4\cdot4\cdot2=9-32=-23<0$　　よって，**異なる 2 つの虚数解をもつ**　$\leftarrow D<0$

問 13　重解をもつのは，$D=(m+1)^2-4\cdot1\cdot(3m-2)=0$　　$\leftarrow$重解ならば $D=0$ である。$a=1，b=m+1，c=3m-2$（c は-2 ではない！）
のときである。つまり，$m^2+2m+1-12m+8=0$

$$m^2-10m+9=0 \qquad (m-9)(m-1)=0$$

←m についての 2 次方程式である。　因数分解して解ける！

よって，**$m=9,\ 1$**

練習 22

(1)　異なる 2 つの実数解をもつのは　←$D>0$
$$D=(-5)^2-4\cdot1\cdot(2-m)>0$$　←$a=1,\ b=-5,\ c=2-m$
のときである。つまり
$$25-8+4m>0$$　←1 次不等式
$$4m>-17$$
$$m>-\frac{17}{4}$$

(2)　異なる 2 つの実数解をもつのは　←$D>0$
$$D=(m-1)^2-4\cdot1\cdot(-2m+2)>0$$
のときである。つまり　↑$a=1,\ b=m-1,\ c=-2m+2$
$$m^2-2m+1+8m-8>0$$　←2 次不等式を解く
$$m^2+6m-7>0 \qquad (m+7)(m-1)>0$$
$$m<-7,\ 1<m$$

14　解と係数の関係(1)

考え方　2 次方程式の解 α，β と問題にあれば，解と係数の関係の利用が考えられる。とりあえず $\alpha+\beta$ と $\alpha\beta$ を求めておく。また，次の変形は覚えておこう。

① $\alpha^2+\beta^2=(\alpha+\beta)^2-2\alpha\beta$ 　　② $\alpha^3+\beta^3=(\alpha+\beta)^3-3\alpha\beta(\alpha+\beta)$ 　　③ $\dfrac{1}{\alpha}+\dfrac{1}{\beta}=\dfrac{\alpha+\beta}{\alpha\beta}$

問 14　解と係数の関係より，$\alpha+\beta=-2$，$\alpha\beta=5$　　←$\alpha+\beta=-2$　マイナスを忘れない！

(1)　$\alpha^2+\beta^2=(\alpha+\beta)^2-2\alpha\beta=(-2)^2-2\cdot5=4-10=$ **-6**

(2)　$\dfrac{1}{\alpha}+\dfrac{1}{\beta}=\dfrac{\beta}{\alpha\beta}+\dfrac{\alpha}{\alpha\beta}=\dfrac{\alpha+\beta}{\alpha\beta}=\dfrac{-2}{5}=-\dfrac{2}{5}$　　←$\dfrac{1}{\alpha}+\dfrac{1}{\beta}$ は通分をする！

練習 23　解と係数の関係より，$\alpha+\beta=-\dfrac{-8}{2}=4$，$\alpha\beta=\dfrac{5}{2}$ である。

(1)　$\alpha^2+\beta^2=(\alpha+\beta)^2-2\alpha\beta=4^2-2\cdot\dfrac{5}{2}=16-5=$ **11**　　←$\alpha^2+\beta^2=(\alpha+\beta)^2-2\alpha\beta$

(2)　$\alpha^3+\beta^3=(\alpha+\beta)^3-3\alpha\beta(\alpha+\beta)=4^3-3\cdot\dfrac{5}{2}\cdot4=64-30=$ **34**　　←$(\alpha+\beta)^3=\alpha^3+3\alpha^2\beta+3\alpha\beta^2+\beta^3=\alpha^3+\beta^3+3\alpha\beta(\alpha+\beta)$

練習 24　解と係数の関係より，$\alpha+\beta=-(-3)=3$，$\alpha\beta=7$

(1)　$(\alpha-2)(\beta-2)=\alpha\beta-2\alpha-2\beta+4=\alpha\beta-2(\alpha+\beta)+4=7-2\cdot3+4=7-6+4=$ **5**

(2)　$\alpha^2\beta+\alpha\beta^2=\alpha\beta(\alpha+\beta)=7\cdot3=$ **21**

(3)　$(\alpha-\beta)^2=\alpha^2-2\alpha\beta+\beta^2=\alpha^2+\beta^2-2\alpha\beta=(\alpha+\beta)^2-4\alpha\beta=3^2-4\cdot7=9-28=$ **-19**

(4)　$\dfrac{1}{\alpha}+\dfrac{1}{\beta}=\dfrac{\alpha+\beta}{\alpha\beta}=\dfrac{3}{7}$

15　解と係数の関係(2)

考え方　①　2 次式 ax^2+bx+c の因数分解は，2 次方程式 $ax^2+bx+c=0$ の解 α，β を用いて
$$ax^2+bx+c=a(x-\alpha)(x-\beta)$$
として求められる。a をつけ忘れないように気をつけよう。

②　2 数 α，β を解とする 2 次方程式は，$x^2-(\alpha+\beta)x+\alpha\beta=0$ である。つまり $x^2-(和)x+(積)=0$ であるから，まず，2 数の和と積を求めることが先決である。
（x の係数（和）にマイナスがつくことは，解と係数の関係 $\alpha+\beta=-\dfrac{b}{a}$ のマイナスと合わせて覚えよう。2 次方程式なので $=0$ を忘れずに付けること。）

問 15　(1)　$x^2+4x+6=0$ とすると，$x=-2\pm\sqrt{2}\,i$
よって，$x^2+4x+6=\{x-(-2+\sqrt{2}\,i)\}\{x-(-2-\sqrt{2}\,i)\}$

←$x=\dfrac{-4\pm\sqrt{16-4\cdot1\cdot6}}{2\cdot1}=\dfrac{-4\pm\sqrt{-8}}{2}=\dfrac{-4\pm2\sqrt{2}\,i}{2}$

←2 次方程式の解を α，β とすると
$x^2+4x+6=(x-\alpha)(x-\beta)$

$$= (x+2-\sqrt{2}\,i)(x+2+\sqrt{2}\,i)$$

(2)　解と係数の関係より，$\alpha+\beta=-(-2)=2$，$\alpha\beta=5$　　←**14** 解と係数の関係より，$\alpha+\beta=-\dfrac{b}{a}$，$\alpha\beta=\dfrac{c}{a}$

　　このとき，$(\alpha-2)+(\beta-2)=(\alpha+\beta)-4=2-4=-2$

　　　　$(\alpha-2)(\beta-2)=\alpha\beta-2\alpha-2\beta+4=\alpha\beta-2(\alpha+\beta)+4=5-2\cdot2+4=5$

　　よって，$x^2+2x+5=0$　　　　　　　　←$x^2-(和)x+(積)=0$

練習25　(1)　$x^2+2x-4=0$ とすると，$x=-1\pm\sqrt{5}$　　←$x=\dfrac{-2\pm\sqrt{4+16}}{2\cdot1}=\dfrac{-2\pm\sqrt{20}}{2}=\dfrac{-2\pm2\sqrt{5}}{2}$

　　よって，$x^2+2x-4=\{x-(-1+\sqrt{5})\}\{x-(-1-\sqrt{5})\}$　　←2次方程式の解を α，β とすると $x^2+2x-4=(x-\alpha)(x-\beta)$

　　　　　　　$=(x+1-\sqrt{5})(x+1+\sqrt{5})$

(2)　$2x^2+x+3=0$ とすると，$x=\dfrac{-1\pm\sqrt{-23}}{4}=\dfrac{-1\pm\sqrt{23}\,i}{4}$　　←$x=\dfrac{-1\pm\sqrt{1-24}}{2\cdot2}$

　　よって，$2x^2+x+3=2\left(x-\dfrac{-1+\sqrt{23}\,i}{4}\right)\left(x-\dfrac{-1-\sqrt{23}\,i}{4}\right)$　　←2次方程式の解を α，β とすると $2x^2+x+3=2(x-\alpha)(x-\beta)$

練習26　(1)　和 $-5+4=-1$，積 $(-5)\cdot4=-20$　　よって，$x^2+x-20=0$

(2)　和 $(3+i)+(3-i)=6$，積 $(3+i)(3-i)=9-i^2=9-(-1)=10$　　よって，$x^2-6x+10=0$　←$i^2=-1$

練習27　解と係数の関係より，$\alpha+\beta=-\dfrac{5}{2}$，$\alpha\beta=\dfrac{4}{2}=2$

　　このとき，$2\alpha+2\beta=2(\alpha+\beta)=2\cdot\left(-\dfrac{5}{2}\right)=-5$，$2\alpha\cdot2\beta=4\alpha\beta=4\cdot2=8$　←2α，2β を解とするから，その和と積を求める

　　したがって，求める2次方程式の1つは　$x^2+5x+8=0$　　←$x^2-(和)x+(積)=0$

16・　剰余の定理と因数定理

考え方　$P(x)\div(x-\alpha)=Q(x)\cdots R$ のとき，$P(x)=(x-\alpha)Q(x)+R$ である。この式に α を代入すると，$P(\alpha)=R$ が得られる。つまり，余りを求めるには，$x-\alpha=0$ となる x を $P(x)$ に代入すればよい。また，余りが0であれば，$P(x)$ は $(x-\alpha)$ で割り切れることになる。

問16　(1)　剰余の定理より，余りは　　　　←剰余の定理より$P(x)$を$x-1$で割った余りは，$P(1)$

　　$P(1)=1^3-3\cdot1^2+4=2$

(2)　$x+1$ で割り切れるから，$P(-1)=0$ である。　　←$x+1=0$ より$x=-1$を$P(x)$に代入すればよい

　　よって，$P(-1)=(-1)^3+4(-1)^2-a(-1)+7=0$　　$-1+4+a+7=0$　　$a=-10$

(3)　$P(x)$ を $(x+1)(x-2)$ で割った商を $Q(x)$，余りを $ax+b$ とおくと，　←2次式で割るから余りは1次以下の式

　　$P(x)=(x+1)(x-2)Q(x)+ax+b$　$\cdots(*)$

　　剰余の定理より，$P(-1)=5$，$P(2)=2$ であるから　　←剰余の定理より$P(x)$を$x+1$，$x-2$で割った余りは，それぞれ$P(-1)$，$P(2)$

　　$-a+b=5$　$\cdots$①　　$2a+b=2$　$\cdots$②　　←$(*)$式より

　　①，②より，$a=-1$，$b=4$

　　よって，余りは$-x+4$

練習28　(1)　$P(-1)=(-1)^3-3\cdot(-1)^2+(-1)+4=-1-3-1+4=-1$　余り-1　←$x+1=0$の解$x=-1$を代入

(2)　$P(2)=2^3+2\cdot2^2-5\cdot2-6=8+8-10-6=0$　余り0　←$x-2=0$の解$x=2$を代入

練習29　(1)　$x-3$ で割り切れるから，$P(3)=0$ である。　(2)　$x+2$ で割り切れるから，$P(-2)=0$ である。

　　よって，$P(3)=3^3+a\cdot3^2-9\cdot3-18=0$　　　　　よって，$P(-2)=2\cdot(-2)^3-(-2)^2-a(-2)+4=0$

　　$9a-18=0$　$a=2$　　　　　　　　　　　　　　　$2a-16=0$　$a=8$

練習30　$P(x)$ を x^2-x-6 で割った商を $Q(x)$，余りを $ax+b$ とおくと，　←2次式で割るから，余りは1次以下の式

　　$P(x)=(x^2-x-6)Q(x)+ax+b$

　　　　$=(x-3)(x+2)Q(x)+ax+b$　$\cdots(*)$

剰余の定理より，$P(3)=-1$，$P(-2)=4$ であるから

$3a+b=-1$ …① $-2a+b=4$ …②

←剰余の定理より $P(x)$ を，$x-3$，$x+2$ で割った余りは，それぞれ $P(3)$，$P(-2)$

①，②より，$a=-1$，$b=2$

←（＊）式より

よって，余りは**$-x+2$**

17▶ 高次方程式

考え方 高次方程式を解くには，まず，因数分解する。因数分解するには，公式や因数定理の活用である。公式 $a^3\pm b^3=(a\pm b)(a^2\mp ab+b^2)$ をしっかりと覚えておきたい。公式利用が無理なのであれば，因数定理である。$P(\alpha)=0$ となる α を見つけるためには，定数項の約数で小さい数から代入する。

問 17 (1) $x^3-2^3=0$ より，$(x-2)(x^2+2x+4)=0$ ←公式利用

$x-2=0$ または $x^2+2x+4=0$ ……①

①より，$x=\dfrac{-2\pm\sqrt{2^2-4\cdot1\cdot4}}{2}=\dfrac{-2\pm\sqrt{12}\,i}{2}=\dfrac{-2\pm2\sqrt{3}\,i}{2}=-1\pm\sqrt{3}\,i$ ←$\sqrt{-12}=\sqrt{12}\,i$

よって，**$x=2$，$-1\pm\sqrt{3}\,i$**

(2) $P(x)=x^3-3x+2$ とおく。

$P(1)=1-3+2=0$ なので

$P(x)$ は $x-1$ で割り切れる。

右の割り算から，

$(x-1)(x^2+x-2)=0$

$(x-1)(x-1)(x+2)=0$

$(x-1)^2(x+2)=0$

よって，**$x=1$，-2**

←$P(x)$ の定数項2の約数±1，±2を代入して，0になるものをひとつさがす

←$P(x)$ は $x-1$ で割り切れるから割り算を実行する

$$\begin{array}{r}x^2+x-2\\x-1\overline{)x^3-3x+2}\\\underline{x^3-x^2}\\x^2-3x\\\underline{x^2-x}\\-2x+2\\\underline{-2x+2}\\0\end{array}$$

練習 31▶ (1) $x^4-5x^2-36=0$ より，$(x^2-9)(x^2+4)=0$ $x^2=9$，-4 ←$x^2=t$ とおくと，$t^2-5t-36=0$ $(t-9)(t+4)=0$

よって，$x=\pm3$，$\pm\sqrt{4}\,i$

←$x^2=-4$ より，$x=\pm\sqrt{-4}=\pm\sqrt{4}\,i=\pm2i$

したがって，**$x=\pm3$，$\pm2i$**

(2) $P(x)=x^3-4x^2+x+6$ とおく。

$P(-1)=(-1)^3-4\cdot(-1)^2+(-1)+6=0$ なので，$P(x)$ は $x+1$

で割り切れる。

右の割り算より，

$P(x)=(x+1)(x^2-5x+6)$

$=(x+1)(x-2)(x-3)$

よって，$P(x)=0$ の解は

$x=-1$，2，3

←$P(x)$ の定数項6の約数±1，±2，±3，±6を代入して0になるものをひとつさがす

$$\begin{array}{r}x^2-5x+6\\x+1\overline{)x^3-4x^2+x+6}\\\underline{x^3+x^2}\\-5x^2+x\\\underline{-5x^2-5x}\\6x+6\\\underline{6x+6}\\0\end{array}$$

←**参考** 組立除法

$P(x)\div(x-\alpha)$ の計算方法

本問の場合は次のようになる

$$\begin{array}{r|rrrr}\alpha=-1&1&-4&1&6\\x+1=0\text{の解}\nearrow&+&-1&5&-6\\\hline&1&-5&6&0\end{array}$$

←$P(x)$ の係数
←余り

商の係数 ↗ $\begin{array}{ccc}a&b&c\\a\alpha&b\alpha&c\alpha\end{array}$

18▶ 点の座標と距離

考え方 2点 $A(x_1, y_1)$，$B(x_2, y_2)$ 間の距離 AB は $AB=\sqrt{(x_2-x_1)^2+(y_2-y_1)^2}$ である。この公式は，三平方の定理の応用によって得られるので $\sqrt{}$ の内部に2乗が含まれる。

公式の $\sqrt{}$ の内部は，x，y どうしの差の2乗の和と覚えておこう。差を2乗してしまうので，引く順序は問題にしなくてよいから，大きい方から小さい方を引いてもよい。

練習 32▶ (1) $AB=|4-12|=|-8|=8$

←結果は $12-4=8$ でよい

(2)　$AB=|-2-5|=|-7|=\mathbf{7}$

(3)　$AB=\sqrt{(3-1)^2+(5-2)^2}=\sqrt{2^2+3^2}=\sqrt{4+9}=\sqrt{\mathbf{13}}$　　　←$AB=\sqrt{(x_2-x_1)^2+(y_2-y_1)^2}$

(4)　$AB=\sqrt{\{-5-(-1)\}^2+(6-3)^2}=\sqrt{(-4)^2+3^2}=\sqrt{16+9}=\sqrt{25}=\mathbf{5}$

問18　$AB=\sqrt{(3-4)^2+(y-0)^2}=\sqrt{(-1)^2+y^2}=\sqrt{y^2+1}$　　　←$AB=\sqrt{(x_2-x_1)^2+(y_2-y_1)^2}$

$AB=\sqrt{10}$ なので，$\sqrt{y^2+1}=\sqrt{10}$　両辺を2乗して，$y^2+1=10$　　　←$\sqrt{\ }$ をはずすために2乗する

$y^2=9$　　$y=\pm 3$　　　←$y=\pm\sqrt{9}=\pm 3$

練習33　$AB=\sqrt{(x-3)^2+\{2-(-1)\}^2}=\sqrt{x^2-6x+9+9}=\sqrt{x^2-6x+18}$

これが5であるから，$\sqrt{x^2-6x+18}=5$　両辺を2乗すると，$x^2-6x+18=25$

$x^2-6x-7=0$　　$(x-7)(x+1)=0$　よって，$\mathbf{x=7,\ -1}$

練習34　$AB=\sqrt{\{0-(-4)\}^2+(y-1)^2}=\sqrt{16+y^2-2y+1}=\sqrt{y^2-2y+17}$

これが5であるから，$\sqrt{y^2-2y+17}=5$　両辺を2乗すると，$y^2-2y+17=25$

$y^2-2y-8=0$　　$(y-4)(y+2)=0$　よって，$\mathbf{y=4,\ -2}$

19・ 内分点・外分点の座標

考え方　内分・外分の公式は，まず内分点の公式をしっかりとおさえよう。$x,\ y$ 座標は，別々に計算するのであるから，欄外に，x 座標を2つとりだし，その下に右の図のように $m:n$ とかいて分子は交差して掛けると覚えればよい。y 座標も同じである。

また，外分点は，$m>n$ のとき AB の B の外側に，$m<n$ のとき AB の A の外側にその点がとれる。計算するときは，内分の公式において，比の小さい方にマイナスをつける。

問19　(1)(ⅰ)　P の座標を $(x,\ y)$ とすると，

$x=\dfrac{3\times(-3)+1\times 9}{1+3}=\dfrac{-9+9}{4}=0$　←（$-3,\ 9$／$1:3$ 交差）　，　$y=\dfrac{3\times 4+1\times 8}{1+3}=\dfrac{12+8}{4}=\dfrac{20}{4}=5$　←（$4,\ 8$／$1:3$ 交差）

よって，$\mathbf{P(0,\ 5)}$

(ⅱ)　Q の座標を $(x,\ y)$ とすると，

$x=\dfrac{3\times(-3)-1\times 9}{-1+3}=\dfrac{-9-9}{2}=-9$　←（$-3,\ 9$／$-1:3$ 交差）　，　$y=\dfrac{3\times 4-1\times 8}{-1+3}=\dfrac{12-8}{2}=\dfrac{4}{2}=2$　←（$4,\ 8$／$-1:3$ 交差）

よって，$\mathbf{Q(-9,\ 2)}$

(2)　G の座標を $(x,\ y)$ とすると，

$x=\dfrac{3+1+(-1)}{3}=1$，$y=\dfrac{-2+7+1}{3}=2$　　　←△ABC において，$A(x_1,\ y_1)$，$B(x_2,\ y_2)$，$C(x_3,\ y_3)$，重心 $G(x,\ y)$ のとき
$x=\dfrac{x_1+x_2+x_3}{3}$，$y=\dfrac{y_1+y_2+y_3}{3}$

よって，$\mathbf{G(1,\ 2)}$

練習35　(1)(ⅰ)　M の座標を $(x_1,\ y_1)$ とすると，

$x_1=\dfrac{2+8}{2}=\dfrac{10}{2}=5$，$y_1=\dfrac{2-4}{2}=\dfrac{-2}{2}=-1$　←中点は $1:1$ に内分する点である。したがって，たして2で割ればよい

よって，$\mathbf{M(5,\ -1)}$

(ⅱ)　P の座標を $(x_2,\ y_2)$ とすると，

$x_2-\dfrac{1\times 2+2\times 8}{2+1}=\dfrac{2+16}{3}=\dfrac{18}{3}=6$　←（$2,\ 8$／$2:1$ 交差）　，　$y_2=\dfrac{1\times 2+2\times(-4)}{2+1}=\dfrac{2-8}{3}=\dfrac{-6}{3}=-2$　←（$2,\ -4$／$2:1$ 交差）

よって，$\mathbf{P(6,\ -2)}$

(2)(i)　P の座標を $(x_1,\ y_1)$ とすると，

$$x_1=\frac{1\times0+3\times8}{3+1}=\frac{24}{4}=6 \leftarrow \begin{matrix} x_1 \\ \begin{matrix} 0 & 8 \\ \times \\ 3 & 1 \end{matrix} \end{matrix}\ ,\quad y_1=\frac{1\times3+3\times(-1)}{3+1}=\frac{3-3}{4}=\frac{0}{4}=0 \leftarrow \begin{matrix} y_1 \\ \begin{matrix} 3 & -1 \\ \times \\ 3 & 1 \end{matrix}\end{matrix}$$

よって，**P(6, 0)**

(ii)　Q の座標を $(x_2,\ y_2)$ とすると，

$$x_2=\frac{-1\times0+3\times8}{3-1}=\frac{24}{2}=12 \leftarrow \begin{matrix} x_2 \\ \begin{matrix} 0 & 8 \\ \times \\ 3 & -1 \end{matrix}\end{matrix}\ ,\quad y_2=\frac{-1\times3+3\times(-1)}{3-1}=\frac{-3-3}{2}=\frac{-6}{2}=-3 \leftarrow \begin{matrix} y_2 \\ \begin{matrix} 3 & -1 \\ \times \\ 3 & -1 \end{matrix}\end{matrix}$$

よって，**Q(12, −3)**

練習36　C の座標を $(x,\ y)$ とすると

$$\frac{(-2)+3+x}{3}=3 \text{ より，}\ x+1=9\quad x=8$$

$$\frac{4+(-5)+y}{3}=-1 \text{ より，}\ y-1=-3\quad y=-2$$

← $\triangle$ABC において，A$(x_1,\ y_1)$，B$(x_2,\ y_2)$，C$(x_3,\ y_3)$，重心 G$(x,\ y)$ のとき
$$x=\frac{x_1+x_2+x_3}{3},\ y=\frac{y_1+y_2+y_3}{3}$$

よって，**C(8, −2)**

練習37　線分 PQ の中点が点 A であるから，Q の座標を $(x,\ y)$ とすると

← P　　A　　Q
×―――×―――×

$$\frac{1+x}{2}=3 \text{ より，}\quad 1+x=6\quad x=5$$

$$\frac{3+y}{2}=-2 \text{ より，}\ 3+y=-4\quad y=-7$$

点 Q は線分 PA を 2:1 に外分する点であるから

$$x=\frac{-1\times1+2\times3}{2-1}=5$$

$$y=\frac{-1\times3+2\times(-2)}{2-1}=-7$$

として，求めてもよい

よって，**Q(5, −7)**

20　直線の方程式

考え方　①$y-y_1=m(x-x_1)$ をしっかりと覚えること。$y-(y\text{ 座標})=(\text{傾き})\{x-(x\text{ 座標})\}$ とおさえること。すると②の公式において $\dfrac{y_2-y_1}{x_2-x_1}$ は傾きを意味していることがわかる。

特に，$\dfrac{y_2-y_1}{x_2-x_1}$ は，傾きだから，引く順序をまちがえないようにする。（距離の公式とはちがう）

また，②の公式で分母が 0 になるときは，x 軸に垂直になるときである。

問20　(1)　$y-1=3\{x-(-5)\}$　　　よって，$\boldsymbol{y=3x+16}$　←公式①の利用

(2)　$y-6=\dfrac{-3-6}{-1-2}(x-2)$　　　$y-6=3x-6$　←公式②の利用

よって，$\boldsymbol{y=3x}$　　　　　　　← $y-(-3)=\dfrac{6-(-3)}{2-(-1)}\{x-(-1)\}$ でも同じである

練習38　(1)　$y-0=\dfrac{1}{3}\{x-(-3)\}$ より，$\boldsymbol{y=\dfrac{1}{3}x+1}$　　(2)　$y-5=-\dfrac{1}{2}(x-4)$ より，$\boldsymbol{y=-\dfrac{1}{2}x+7}$　←公式①
↑公式①

(3)　$y-2=\dfrac{1-2}{4-2}(x-2)$ より，　←公式②　　(4)　$y-4=\dfrac{-4-4}{-1-(-5)}\{x-(-5)\}$　←公式②

$y-2=\dfrac{-1}{2}x+1\quad \boldsymbol{y=-\dfrac{1}{2}x+3}$　　　　　　$y-4=-2x-10\quad \boldsymbol{y=-2x-6}$

(5)　x 座標が等しいので，$\boldsymbol{x=4}$　　　　　　(6)　y 座標が等しいので，$\boldsymbol{y=1}$

21　直線の平行と垂直(1)

考え方　2 直線 $y=m_1x+n_1$，$y=m_2x+n_2$ において，平行のときは $m_1=m_2$，垂直のときは $m_1m_2=-1$ つまり，平行は傾きが等しいとき，垂直は傾きの積が-1のときである。したがって，直線の平行や垂直の問題については，傾きのみに着目すればよい。

問 21 （平行な直線）求める直線の傾きは -3 なので，

$y-5=-3\{x-(-3)\}$　よって，$\boldsymbol{y=-3x-4}$

$\leftarrow y=-3x+1$ に平行であるから

$\leftarrow y-y_1=m(x-x_1)$

（垂直な直線）求める直線の傾き m は

$-3\cdot m=-1$ より，$m=\dfrac{1}{3}$ なので，

$y-5=\dfrac{1}{3}\{x-(-3)\}$　よって，$\boldsymbol{y=\dfrac{1}{3}x+6}$

$\leftarrow y=-3x+1$ に垂直であるから

$\leftarrow y-y_1=m(x-x_1)$

練習 39　(1)（平行な直線）求める直線の傾きは 1 なので，$y-1=1\cdot\{x-(-2)\}$

よって，$\boldsymbol{y=x+3}$

（垂直な直線）求める直線の傾き m は，

$m\cdot 1=-1$ より，$m=-1$ なので，

$y-1=-\{x-(-2)\}$

よって，$\boldsymbol{y=-x-1}$

(2)（平行な直線）求める直線の傾きは $-\dfrac{2}{3}$ なので，

$y-1=-\dfrac{2}{3}\{x-(-2)\}$　$\boldsymbol{y=-\dfrac{2}{3}x-\dfrac{1}{3}}$

（垂直な直線）求める直線の傾き m は，

$m\cdot\left(-\dfrac{2}{3}\right)=-1$ より，$m=\dfrac{3}{2}$ なので，

$y-1=\dfrac{3}{2}\{x-(-2)\}$　よって，$\boldsymbol{y=\dfrac{3}{2}x+4}$

22 直線の平行と垂直(2)

考え方　2点 A，B が直線 l に関して対称になるのは，l が線分 AB の垂直二等分線になるときであるから，① AB$\perp l$　② AB の中点が l 上　の2つの条件に着目する。

問 22　点 B の座標を (a, b) とする。

直線 l の傾きは $\dfrac{1}{3}$ であるから，AB$\perp l$ より

$\leftarrow l : y=\dfrac{1}{3}x+\dfrac{1}{3}$

$\dfrac{1}{3}\cdot\dfrac{b-(-2)}{a-3}=-1$　　$b+2=-3(a-3)$

$\leftarrow$①AB$\perp l\Leftrightarrow$傾きの積が -1

$3a+b=7$　…①

また，線分 AB の中点 $\left(\dfrac{a+3}{2}, \dfrac{b-2}{2}\right)$ が l 上にあるから，

$\leftarrow$②AB の中点が l 上

$\dfrac{a+3}{2}-3\cdot\dfrac{b-2}{2}+1=0$

$\leftarrow l$ 上の点は l の式を満たす

$a-3b=-11$　…②

①，②より，$a=1$，$b=4$

よって，$\textbf{B}(\textbf{1, 4})$

練習 40　(1) 点 C の座標を (p, q) とする。

直線 l の傾きは 2 であるから，AC$\perp l$ より

$2\cdot\dfrac{q-3}{p-(-3)}=-1$　　$p+2q=3$　…①

$\leftarrow$①AC$\perp l\Leftrightarrow$傾きの積が -1

また，線分 AC の中点 $\left(\dfrac{p-3}{2}, \dfrac{q+3}{2}\right)$ が l 上にあるから，

$\leftarrow$②AC の中点が l 上

$\dfrac{q+3}{2}=2\cdot\dfrac{p-3}{2}-1$　　$2p-q=11$　…②

$\leftarrow l$ 上の点は l の式を満たす

①，②より，$p=5$，$q=-1$

よって，$\textbf{C}(\textbf{5, }-\textbf{1})$

(2) $y-8=\dfrac{-1-8}{5-2}(x-2)$

$\leftarrow$2点 $(x_1, y_1), (x_2, y_2)$ を通る直線の方程式は

$y-y_1=\dfrac{y_2-y_1}{x_2-x_1}(x-x_1)$

$=-3(x-2)$

よって，$\boldsymbol{y=-3x+14}$

(3) AP+BP の値が最小となる点 P は，l と直線 BC の交点であるから

$2x-1=-3x+14$ より $x=3$ よって，$y=5$

ゆえに，**P(3, 5)**

l 上の任意の点 P′について
AP′+P′B=CP′+P′B
≧CB=CP+PB=AP+PB
となるから，l と直線 BC の交点 P が求める点である

23 点と直線の距離

点 (x_1, y_1) と直線 $ax+by+c=0$ の距離 d は，

$d=\dfrac{|ax_1+by_1+c|}{\sqrt{a^2+b^2}}$ で求められる。分子の絶対値記号を忘れないこと。

問23

$$d=\frac{|2\cdot(-1)-4\cdot3+9|}{\sqrt{2^2+(-4)^2}}=\frac{|-5|}{\sqrt{20}}=\frac{5}{2\sqrt{5}}=\frac{\sqrt{5}}{2}$$

← 公式に $a=2$，$b=-4$，$c=9$，$x_1=-1$，$y_1=3$ を代入する

練習 41 (1) $\dfrac{|1\cdot0+2\cdot0-5|}{\sqrt{1^2+2^2}}=\dfrac{|-5|}{\sqrt{5}}=\dfrac{5}{\sqrt{5}}=\sqrt{5}$

← このことから原点と直線 $ax+by+c=0$ の距離は $\dfrac{|c|}{\sqrt{a^2+b^2}}$ として求められる

(2) 直線の方程式は，$2x-y+3=0$ であるから

← 直線の方程式を $ax+by+c=0$ の形にする

$$\frac{|2\cdot(-2)-1\cdot0+3|}{\sqrt{2^2+(-1)^2}}=\frac{|-1|}{\sqrt{5}}=\frac{1}{\sqrt{5}}=\frac{\sqrt{5}}{5}$$

練習 42 (1) 直線 AB の方程式は

$y-5=\dfrac{1-5}{-2-1}(x-1)$ $y-5=\dfrac{4}{3}(x-1)$ $\boldsymbol{y=\dfrac{4}{3}x+\dfrac{11}{3}}$

← 2点 (x_1, y_1)，(x_2, y_2) を通る直線の方程式は
$y-y_1=\dfrac{y_2-y_1}{x_2-x_1}(x-x_1)$

(2) (1)より，直線 AB の方程式は $4x-3y+11=0$ であるから

← 直線の方程式を $ax+by+c=0$ の形にする

$$d=\frac{|4\cdot2-3\cdot(-2)+11|}{\sqrt{4^2+(-3)^2}}=\frac{|25|}{5}=\boldsymbol{5}$$

(3) $AB=\sqrt{(-2-1)^2+(1-5)^2}=\sqrt{9+16}=5$

← 2点 (x_1, y_1)，(x_2, y_2) の距離は
$\sqrt{(x_2-x_1)^2+(y_2-y_1)^2}$

よって，$S=\dfrac{1}{2}AB\cdot d=\dfrac{1}{2}\cdot5\cdot5=\boldsymbol{\dfrac{25}{2}}$

24 円の方程式(1)

中心 (a, b)，半径 r の円の方程式は $(x-a)^2+(y-b)^2=r^2$ である。
円の方程式の形式をしっかりと覚えること。円は中心と半径が大切である。

練習 43 (1) $(x-1)^2+(y-2)^2=9$

← 円の方程式に $a=1$，$b=2$，$r=3$ を代入する

(2) $\{x-(-3)\}^2+(y-0)^2=(\sqrt{2})^2$ より，

$(x+3)^2+y^2=2$

← 円の方程式にマイナスの値を代入するときは（ ）つきで

問24 (1) 円の半径 r は $r=\sqrt{\{-4-(-2)\}^2+(4-1)^2}=\sqrt{4+9}=\sqrt{13}$

よって，$(x+2)^2+(y-1)^2=13$

(2) 円の中心 C は AB の中点だから，

$C:\left(\dfrac{5+3}{2}, \dfrac{2+(-2)}{2}\right)$ より，$(4, 0)$

← 中点の公式：2点 (x_1, y_1)，(x_2, y_2) の中点は $\left(\dfrac{x_1+x_2}{2}, \dfrac{y_1+y_2}{2}\right)$

半径は C と A の距離 $AC=\sqrt{(4-5)^2+(0-2)^2}=\sqrt{1+4}=\sqrt{5}$

← $BC=\sqrt{(4-3)^2+\{0-(-2)\}^2}=\sqrt{1+4}=\sqrt{5}$ で AC と同じ

よって，$(x-4)^2+y^2=5$

練習44　(1)　円の半径 r は,

$$r=\sqrt{(4-0)^2+(-1-0)^2}$$
$$=\sqrt{16+1}=\sqrt{17}$$

よって, $x^2+y^2=17$　←中心は原点

(2)　円の中心は, $\left(\dfrac{4+(-6)}{2},\ \dfrac{-2+(-2)}{2}\right)$　←AB の中点

より, $(-1,\ -2)$

$$r=\sqrt{(-1-4)^2+\{-2-(-2)\}^2}=\sqrt{25+0}=5$$

よって, $(x+1)^2+(y+2)^2=25$

25 円の方程式(2)

考え方　$x,\ y$ に分けて $(\quad)^2$ をつくると中心, 半径がわかる。$(\quad)^2$ をつくるには, 各 1 次の項の係数の半分の 2 乗を両辺に加えればよい。両辺に加えなければ, 等式でなくなるので, 右辺に加えるのを忘れずに行うこと。

問25　$x^2-2x+y^2-4y=4$　←$x,\ y$ 別々にまとめる。定数項は右辺へ

$x^2-2x+\boxed{1}+y^2-4y+\boxed{4}=4+\boxed{1}+\boxed{4}$　←x の係数 -2 の半分の 2 乗 1, y の係数 -4 の半分の 2 乗 4

$(x-1)^2+(y-2)^2=9$

よって, **中心 $(1,\ 2)$, 半径 3 の円**を表す。　←中心の座標 $(-1,\ -2)$ ではない! $\sqrt{9}=3$ が半径

練習45

(1)　$x^2-8x+y^2=0$　←y の 1 次がない!

$x^2-8x+\boxed{16}+y^2=\boxed{16}$　←-8 の半分の 2 乗 16

$(x-4)^2+y^2=16$

中心 $(4,\ 0)$, 半径 4 の円　←$(x-4)^2+(y-0)^2=4^2$

(2)　$x^2-4x+y^2+10y=7$　←$x,\ y$ でのまとめ

$x^2-4x+\boxed{4}+y^2+10y+\boxed{25}=7+\boxed{4}+\boxed{25}$

$(x-2)^2+(y+5)^2=36$

中心 $(2,\ -5)$, 半径 6 の円　←$(x-2)^2+\{y-(-5)\}^2=6^2$

練習46

(1)　求める円の方程式を $x^2+y^2+ax+by+c=0$ とおくと,

3 点 A, B, C が円周上にあるから

$3^2+5^2+3a+5b+c=0$ より, $\quad 3a+5b+c=-34$ …①　←点 A の座標を代入する

$2^2+(-2)^2+2a-2b+c=0$ より, $2a-2b+c=-8$ …②　←点 B の座標を代入する

$(-6)^2+2^2-6a+2b+c=0$ より, $-6a+2b+c=-40$ …③　←点 C の座標を代入する

①−③より, $9a+3b=6$ $\quad 3a+b=2$ …④　⎫ まず, c を消去する

②−③より, $8a-4b=32$ $\quad 2a-b=8$ …⑤　⎭

①, ⑥より, $a=2$, $b=-4$

②へ代入して, $4+8+c=-8$ $\quad c=-20$

よって, $a=2,\ b=-4,\ c=-20$

(2)　(1)より, 円の方程式は

$\underline{x^2}+\underline{y^2}+2x-4y-20=0$　←平方完成する

$\underline{(x+1)^2-1}+\underline{(y-2)^2-4}-20=0$

$(x+1)^2+(y-2)^2=25$　←円 $(x-a)^2+(y-b)^2=r^2$ の中心の座標は $(a,\ b)$, 半径 r

よって, **円の中心の座標は, $(-1,\ 2)$, 半径は 5**

26 円と直線

考え方　円と直線の共有点は, それぞれの方程式を連立させた解を求める。共有点の個数が問題になるときは, 判別式 D の符号, または円の半径と中心から直線までの距離の関係を用いる。

問26　(1)　$x^2+y^2=10$ …①　$y=3x+10$ …②

②を①に代入して　←連立方程式の解を求める

$x^2+(3x+10)^2=10$ $\quad 10x^2+60x+90=0$

$x^2+6x+9=0$　　$(x+3)^2=0$　　　　　　　　　　← 1点で接する

よって，$x=-3$　②より，$y=1$

ゆえに，共有点は**$(-3, 1)$**

(2)　$x^2+y^2=9$　…③　$y=2x+k$　…④

④を③に代入して

　　$x^2+(2x+k)^2=9$　　$5x^2+4kx+(k^2-9)=0$

判別式を D とすると　　　　　　　　　　　　　← 交わらない条件は $D<0$

　　$D=(4k)^2-4\cdot5\cdot(k^2-9)<0$

よって，$-4k^2+180<0$　　$k^2>45$　　　　　　← $k>\pm3\sqrt{5}$ としないこと
　　　　　　　　　　　　　　　　　　　　　　　　$k^2-45>0$　$(k+\sqrt{45})(k-\sqrt{45})>0$

ゆえに，**$k<-3\sqrt{5}$，$3\sqrt{5}<k$**　　　　　$k<-\sqrt{45}$，$\sqrt{45}<k$
　　　　　　　　　　　　　　　　　　　　　　　　← $x_0x+y_0y=r^2$

(3)　**$3x-4y=25$**

練習47　$x^2+y^2=2$　…①　$y=-x+k$　…②

②を①に代入して，$x^2+(-x+k)^2=2$　　　　　← 円と直線が接する $\Leftrightarrow$ 共有点が1つ $\Leftrightarrow$ $D=0$

　　$2x^2-2kx+(k^2-2)=0$　…③　　　　　　　**別解**

判別式を D とすると，①と②が接するとき　　　中心（=原点）から直線 $x+y-k=0$ までの距離が半径（=$\sqrt{2}$）となる場合で

　　$D=(-2k)^2-4\cdot2\cdot(k^2-2)=0$　　　　　あるから

　　　$-4k^2+16=0$　　$k^2=4$　　　　　　　　　　$\dfrac{|-k|}{\sqrt{1^2+1^2}}=\sqrt{2}$　　$|k|=2$　　よって，$k=\pm2$

よって，**$k=\pm2$**

$k=2$ のとき，③は，$2x^2-4x+2=0$　　$x^2-2x+1=0$

　　$(x-1)^2=0$　　よって，$x=1$

また，②は $y=-x+2$ であるから，$y=1$　　　← ①に代入して，$y^2=1$　$y=\pm1$ としないこと

ゆえに，接点は **$(1, 1)$**

$k=-2$ のとき，③は，$2x^2+4x+2=0$　　$x^2+2x+1=0$

　　$(x+1)^2=0$　　よって，$x=-1$

また，②は $y=-x-2$ であるから，$y=-1$

ゆえに，接点は **$(-1, -1)$**

練習48　(1)　接点 (a, b) は円周上にあるから，　　← 練習48は円周の外の点から引いた接線の方程式を求める問題の解法である

　　接線 l の方程式は **$ax+by=10$** …（＊）　　← $x_0x+y_0y=r^2$

(2)　接点は円周上にあるから，**$a^2+b^2=10$** …①　← $x=a$，$y=b$ を $x^2+y^2=10$ に代入

　　点A$(5, 5)$ は l 上にあるから，$5a+5b=10$　　**$a+b=2$** …②　← $x=5$，$y=5$ を（＊）に代入

　　②より，$b=2-a$　…③

　　①に代入して，$a^2+(2-a)^2=10$　　$2a^2-4a-6=0$

　　　$a^2-2a-3=0$　　$(a-3)(a+1)=0$

　　よって，$a=3$，-1

　　③より，**$a=3$ のとき，$b=-1$　　$a=-1$ のとき，$b=3$**

(3)　(1)，(2)より，接線の方程式は，（＊）に代入して

　　$3x-y=10$，$-x+3y=10$

練習49　$y=x+k$　…①　$x^2+y^2=4$　…②

①を②に代入して，$x^2+(x+k)^2=4$　　$2x^2+2kx+(k^2-4)=0$

判別式を D とすると，$D=(2k)^2-4\cdot2\cdot(k^2-4)=-4k^2+32$

(i)　共有点が 2 個となるのは，$D>0$ のときであるから

　　$-4k^2+32>0$　$k^2-8<0$　$-2\sqrt{2}<k<2\sqrt{2}$

(ii)　共有点が 1 個となるのは，$D=0$ のときであるから

　　$-4k^2+32=0$　　$k^2=8$　　$k=\pm2\sqrt{2}$

(iii)　共有点が 0 個となるのは，$D<0$ のときであるから

　　$-4k^2+32<0$　　$k^2-8>0$　　$k<-2\sqrt{2}$,　$2\sqrt{2}<k$

(i)〜(iii)より共有点の個数は　$-2\sqrt{2}<k<2\sqrt{2}$ のとき，2 個

　　　　　　　　　　　　　　　$k=\pm2\sqrt{2}$ のとき，1 個

　　　　　　　　　　　　　　　$k<-2\sqrt{2}$, $2\sqrt{2}<k$ のとき，0 個

←D の符号で場合分けする

別解
円の中心から直線までの距離 d と半径 r の大小関係で場合分けする

②の中心（＝原点）と直線 $x-y+k=0$ の

距離 d は，$d=\dfrac{|k|}{\sqrt{1^2+(-1)^2}}=\dfrac{|k|}{\sqrt{2}}$

また，②の半径 r は $r=2$

(i)　共有点が 2 個となるのは，$d<r$ のときであるから

　　$\dfrac{|k|}{\sqrt{2}}<2$　$|k|<2\sqrt{2}$　$-2\sqrt{2}<k<2\sqrt{2}$

(ii)　共有点が 1 個となるのは，$d=r$ のときであるから

　　$\dfrac{|k|}{\sqrt{2}}=2$　$|k|=2\sqrt{2}$　$k=\pm2\sqrt{2}$

(iii)　共有点が 0 個となるのは，$d>r$ のときであるから

　　$\dfrac{|k|}{\sqrt{2}}>2$　$|k|>2\sqrt{2}$　$k<-2\sqrt{2}$, $2\sqrt{2}<k$

2つの円の位置関係

考え方　2 つの円の半径を r, r' $(r>r')$，中心間の距離を d とする。
　　　　中心間の距離が半径の和に等しい（$d=r+r'$）とき，2 円は外接する。
　　　　中心間の距離が半径の差に等しい（$d=r-r'$）とき，2 円は内接する。

問27　(1) 円 $x^2+y^2=5$ の半径は $\sqrt{5}$ である。また，その中心 $(0, 0)$

と点 $(-3, 6)$ の距離は $\sqrt{(-3)^2+6^2}=\sqrt{45}=3\sqrt{5}$ から，外接する円

の半径は $3\sqrt{5}-\sqrt{5}=2\sqrt{5}$ である。よって，その方程式は

　　$(x+3)^2+(y-6)^2=20$

←外接する円の半径を r とすると，$3\sqrt{5}=r+\sqrt{5}$

←$(2\sqrt{5})^2=20$

(2) 円 $x^2+y^2=80$ の半径は $\sqrt{80}=4\sqrt{5}$ である。また，その中心

$(0, 0)$ と点 $(-3, 6)$ の距離は $3\sqrt{5}$ から，内接する円の半径は

$4\sqrt{5}-3\sqrt{5}=\sqrt{5}$ である。よって，その方程式は

　　$(x+3)^2+(y-6)^2=5$

←内接する円の半径を r とすると，$3\sqrt{5}=4\sqrt{5}-r$

←$(\sqrt{5})^2=5$

練習50　円 $x^2+y^2=2$ の半径は $\sqrt{2}$ である。また，その中心 $(0, 0)$

と点 $(7, -1)$ の距離は $\sqrt{7^2+(-1)^2}=\sqrt{50}=5\sqrt{2}$ である。

接する円の半径を r とする。

(i)　外接する場合

　　$5\sqrt{2}=r+\sqrt{2}$ より $r=4\sqrt{2}$　よって，外接する円の方程式は

　　　$(x-7)^2+(y+1)^2=(4\sqrt{2})^2$

(ii)　内接する場合

　　$5\sqrt{2}=r-\sqrt{2}$ より $r=6\sqrt{2}$　よって，内接する円の方程式は

　　　$(x-7)^2+(y+1)^2=(6\sqrt{2})^2$

(i)(ii)から，接する円の方程式は

　　$(x-7)^2+(y+1)^2=32$,　$(x-7)^2+(y+1)^2=72$

←点 $(7, -1)$ は円 $x^2+y^2=2$ の外部にあるので，外接する場合と内接する場合に分けて考える

軌　跡(1)

考え方　求める点の軌跡上の点を (x, y) とおいて，条件から x, y の式をつくり，整理する。
　　　　距離の公式には $\sqrt{}$ があるので，2 乗すると $\sqrt{}$ がはずれ，式は整理しやすくなる。

問28　点 P の座標を (x, y) とおく。AP＝BP より，

←軌跡上の点を (x, y) とおく

$\mathrm{AP}^2 = \mathrm{BP}^2$　　$(x-1)^2 + (y-1)^2 = (x-4)^2 + (y-0)^2$　　　←距離の公式において$\sqrt{\ }$をとるために2乗する

$x^2 - 2x + 1 + y^2 - 2y + 1 = x^2 - 8x + 16 + y^2$　　　←両辺にx^2, y^2があるので,消える

整理すると,　$-2y = -6x + 14$　　　$y = 3x - 7$

よって,Pの軌跡は,**直線 $y = 3x - 7$**　　　←図形の名称(直線)もつける

練習51 ▶　(1)　点Pの座標を(x, y)とおく。

$\mathrm{AP} = \mathrm{BP}$ より,　$\mathrm{AP}^2 = \mathrm{BP}^2$

$(x+1)^2 + (y-5)^2 = (x-7)^2 + (y+1)^2$

$x^2 + 2x + 1 + y^2 - 10y + 25 = x^2 - 14x + 49 + y^2 + 2y + 1$

整理すると,　$-12y = -16x + 24$　　　$y = \dfrac{4}{3}x - 2$

よって,Pの軌跡は,**直線 $y = \dfrac{4}{3}x - 2$**

(2)　Pの座標を(x, y)とおく。$\mathrm{AP}^2 - \mathrm{BP}^2 = 1$ より,

$(x-3)^2 + (y-1)^2 - \{(x-1)^2 + (y-2)^2\} = 1$

$x^2 - 6x + 9 + y^2 - 2y + 1$

$\qquad - (x^2 - 2x + 1 + y^2 - 4y + 4) = 1$

$-4x + 2y = -4$　　　$y = 2x - 2$

よって,Pの軌跡は,**直線 $y = 2x - 2$**

29 軌　跡(2)

考え方　$\mathrm{AP} : \mathrm{BP} = m : n$ の条件より $n\mathrm{AP} = m\mathrm{BP}$ という式をつくる。AP,BPがあるので,距離の公式の $\sqrt{\ }$ をはずすために,2乗する。整理すると,x^2, y^2 が入った式になるので円になる。円の形にするためには $(\ \ )^2$ をつくる。　←円の方程式

問29　点Pの座標を(x, y)とする。　　　←軌跡上の点を(x, y)とおく

$\mathrm{AP} : \mathrm{BP} = 3 : 1$ より,　$\mathrm{AP} = 3\mathrm{BP}$　　　←$x : y = a : b$ のとき $bx = ay$

両辺を2乗して,　$\mathrm{AP}^2 = 9\mathrm{BP}^2$　…①　　　←AP,BPの $\sqrt{\ }$ をはずすために2乗する

$\mathrm{AP}^2 = (x+2)^2 + y^2 = x^2 + 4x + 4 + y^2$,　$\mathrm{BP}^2 = (x-6)^2 + y^2 = x^2 - 12x + 36 + y^2$

を①に代入すると,　$x^2 + 4x + 4 + y^2 = 9x^2 - 108x + 324 + 9y^2$　　　←$9(x^2 - 12x + 36 + y^2) = 9x^2 - 108x + 324 + 9y^2$

$8x^2 + 8y^2 - 112x + 320 = 0$　　　$x^2 + y^2 - 14x + 40 = 0$　　　←両辺を8で割る

$x^2 - 14x + y^2 = -40$　　　←x, y でまとめる　　**例25** 参照

$x^2 - 14x + 49 + y^2 = -40 + 49$　　　$(x-7)^2 + y^2 = 9$　　　←-14 の半分の2乗 **49**

よって,求める軌跡は,**中心 $(7, 0)$,半径3の円**　　　←図形の名称をつける

練習52 ▶　(1)　点Pの座標を(x, y)とする。

$\mathrm{AP} : \mathrm{BP} = 2 : 1$ より,　$\mathrm{AP} = 2\mathrm{BP}$

2乗して,　$\mathrm{AP}^2 = 4\mathrm{BP}^2$　…①　←$\sqrt{\ }$ をとるために2乗

$\mathrm{AP}^2 = (x-0)^2 + (y-0)^2 = x^2 + y^2$

$\mathrm{BP}^2 = (x-3)^2 + (y-0)^2 = x^2 - 6x + 9 + y^2$

①へ代入すると,　$x^2 + y^2 = 4(x^2 - 6x + 9 + y^2)$

$3x^2 - 24x + 36 + 3y^2 = 0$　　　←両辺を3で割る

$x^2 - 8x + 12 + y^2 = 0$

$x^2 - 8x + 16 + y^2 = -12 + 16$　　　←$\left(\dfrac{-8}{2}\right)^2 = 16$

$(x-4)^2 + y^2 = 4$

よって,求める軌跡は,

中心 $(4, 0)$,半径2の円

(2)　点Pの座標を(x, y)とする。

$\mathrm{AP} : \mathrm{BP} = 1 : 2$ より,　$2\mathrm{AP} = \mathrm{BP}$

2乗して,　$4\mathrm{AP}^2 = \mathrm{BP}^2$　…①

$\mathrm{AP}^2 = (x+2)^2 + (y-0)^2 = x^2 + 4x + 4 + y^2$

$\mathrm{BP}^2 = (x-1)^2 + (y-0)^2 = x^2 - 2x + 1 + y^2$

①へ代入し,　$4(x^2 + 4x + 4 + y^2) = x^2 - 2x + 1 + y^2$

$3x^2 + 18x + 15 + 3y^2 = 0$　　　←両辺を3で割る

$x^2 + 6x + y^2 = -5$

$x^2 + 6x + 9 + y^2 = -5 + 9$　　←$\left(\dfrac{6}{2}\right)^2 = 9$ を両辺にたす

$(x+3)^2 + y^2 = 4$

よって,求める軌跡は,

中心 $(-3, 0)$,半径2の円

不等式の表す領域(1)

考ぇ方　① $y>ax+b$ は直線の上側，$y<ax+b$ は直線の下側
② $(x-a)^2+(y-b)^2<r^2$ は円の内部，$(x-a)^2+(y-b)^2>r^2$ は円の外部

　また，確認の方法として，原点 $(0, 0)$ などを不等式に代入して，満足すれば，それを含む方が求める領域になる。図示するときは，直線は x, y 切片，円は中心の明記を忘れずにしておく。

問30 (1)　求める領域は直線 $y=\dfrac{1}{2}x+1$ の上側である。つまり，右の図の斜線部で，境界線も含む。x 切片，y 切片の明記➡

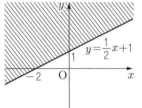

(2)　求める領域は中心 $(3, 1)$，半径 3 の円の外部である。つまり，右の図の斜線部で境界線は含まない。

　中心 $(3, 1)$ の明記➡

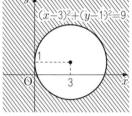

練習53 ▶ (1)　$y<-\dfrac{4}{3}x-4$ となるので，求める領域は直線 $y=-\dfrac{4}{3}x-4$ の下側である。つまり，右の図の斜線部で境界線は含まない。

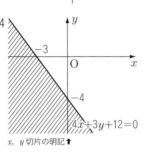

$4x+3y+12=0$
x, y 切片の明記↑

(2)　求める領域は中心 $(-2, -1)$，半径 2 の円の内部である。
　つまり，右の図の斜線部で境界線も含む。

　中心の明記➡

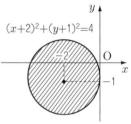

$(x+2)^2+(y+1)^2=4$

 不等式の表す領域(2)

考ぇ方　連立不等式の領域を図示するには，1つ1つの領域をまず図示して，それらの重なった部分を考えればよい。

問31　①の表す領域は直線 $y=x+1$ の上側の部分である。◀
また，②の表す領域は直線 $y=-2x+4$ の上側の部分。
よって，同時に満たす領域は共通部分である。
　つまり，右の図の斜線が重なった部分で，境界線も含む。

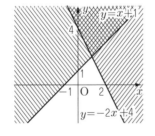

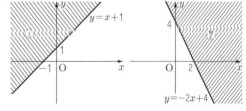

←①と②を同時に満たすところを図示する

練習54

(1)　①は $-y\leqq-x+2$ より　$y\geqq x-2$ ◀不等号の向きは変わる
となるので，$y=x-2$ の上側。
　②は $y\leqq-2x+2$ となるので，$y=-2x+2$ の下側。よって，右の図の斜線が重なった部分で，境界線も含む。

↑不等号の向きは不変

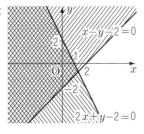

$x-y-2=0$

$2x+y-2=0$

(2)　①は直線 $y=-x+1$ の上側。
　②は中心 $(0, 0)$，半径 5 の円の内部。◀ $\sqrt{25}=5$
　よって，右の図の斜線が重なった部分で，境界線は含まない。

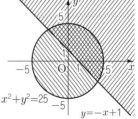

$x^2+y^2=25$
$y=-x+1$

32 領域と最大・最小

考え方　領域における x, y の式の最大値・最小値を求めるには，式の値を k とおいた方程式を考え，その表す図形が領域と共有点をもつ k の範囲を考える。

線分によって囲まれた領域内では，x, y の1次式の値は，その線分の交点で最大・最小となる。

問32 (1) 2直線 $x+2y=8$, $3x+2y=12$ および座標軸との交点の座標は右図のようになる。

よって，領域 D は右図の斜線部分で境界線を含む。

(2) $x+y=k$ …① とおくと，

$y=-x+k$ より，①は傾き -1, y 切片 k の直線を表す。

直線①と領域 D が共有点をもつとき，k の値は①が点 $(2, 3)$ を通るとき最大，点 $(0, 0)$ を通るとき最小になる。

よって，$x+y$ の最大値は $2+3=$**5**

最小値は $0+0=$**0**

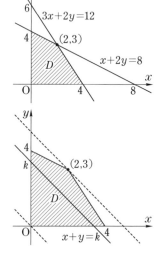

← 直線 $x+2y=8$ の傾きは
$y=-\dfrac{1}{2}x+4$ より，$-\dfrac{1}{2}$
直線 $3x+2y=12$ の傾きは
$y=-\dfrac{3}{2}x+6$ より，$-\dfrac{3}{2}$
したがって，
$$-\frac{3}{2}<-1<-\frac{1}{2}$$
が成り立っている

練習55　4つの不等式を満たす領域を D とする。

2直線 $3x+y=15$, $3x+4y=24$ および座標軸との交点の座標は右図のようになる。

よって，領域 D は4点 $(0, 0)$, $(5, 0)$, $(4, 3)$, $(0, 6)$ を頂点とする四角形の周および内部である。

$x+2y=k$ …① とおくと，

$y=-\dfrac{1}{2}x+\dfrac{k}{2}$ より，①は傾き $-\dfrac{1}{2}$, y 切片 $\dfrac{k}{2}$ の直線を表す。

直線①と領域 D が共有点をもつ範囲で k を変化させるとき，k の値が最大になるのは，点 $(0, 6)$ を通るときである。

よって，$x+2y$ の最大値は

$0+2\cdot 6=$**12**

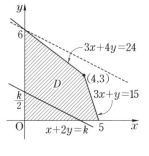

← 直線 $3x+y=15$ の傾きは
$y=-3x+15$ より，-3
直線 $3x+4y=24$ の傾きは
$y=-\dfrac{3}{4}x+6$ より，$-\dfrac{3}{4}$
したがって，
$$-3<-\frac{3}{4}<-\frac{1}{2}$$
が成り立っている

33 弧度法

弧度法は半径 1 の扇形の弧の長さを中心角の大きさと定める方法である。したがって，$360°$ には 2π，$180°$ には π が対応する。まず，$180°=\pi$ をしっかりと覚えよう。そして，少なくとも，$30°$，$45°$，$60°$，$90°$ などの主要角の弧度法による表記を覚えてしまおう。

問 33 (1)(i)　$30° = 30 \times \dfrac{\pi}{180} = \dfrac{\pi}{6}$　　　　　←$1° = \dfrac{\pi}{180}$ に 30 を掛ける

(ii)　$\dfrac{5}{6}\pi = \dfrac{5}{6} \times 180° = \mathbf{150°}$　　　　　←$\pi = 180°$

(2)　$l = 4 \times \dfrac{3}{4}\pi = \mathbf{3\pi}$,　$S = \dfrac{1}{2} \times 4^2 \times \dfrac{3}{4}\pi = \mathbf{6\pi}$　←$l = r\theta$,　$S = \dfrac{1}{2}r^2\theta$

練習 56 (1)　$90° = 90 \times \dfrac{\pi}{180} = \dfrac{\pi}{2}$　　　　(2)　$225° = 225 \times \dfrac{\pi}{180} = \dfrac{5}{4}\pi$

練習 57 (1)　$\dfrac{7}{6}\pi = \dfrac{7}{6} \times 180° = \mathbf{210°}$　　　　(2)　$\dfrac{5}{12}\pi = \dfrac{5}{12} \times 180° = 5 \times 15° = \mathbf{75°}$

練習 58 $15° = 15 \times \dfrac{\pi}{180} = \dfrac{\pi}{12}$ であるから　←度数法を弧度法に直す

$l = 8 \times \dfrac{\pi}{12} = \dfrac{2}{3}\pi$,　$S = \dfrac{1}{2} \times 8^2 \times \dfrac{\pi}{12} = \dfrac{8}{3}\pi$　←$l = r\theta$,　$S = \dfrac{1}{2}r^2\theta$

主要角の弧度法

度数法	0°	30°	45°	60°	90°	120°	135°	150°	180°
弧度法	0	$\dfrac{\pi}{6}$	$\dfrac{\pi}{4}$	$\dfrac{\pi}{3}$	$\dfrac{\pi}{2}$	$\dfrac{2}{3}\pi$	$\dfrac{3}{4}\pi$	$\dfrac{5}{6}\pi$	π

←少なくとも左の表にある角度の対は記憶しておくことがのぞましい

34 三角関数

まず，右の図（半径 r の円）において，

$$\sin\theta = \frac{y}{r},\ \cos\theta = \frac{x}{r},\ \tan\theta = \frac{y}{x}$$

を覚える。
　x，y の座標を求めるには，右の三角形をあてはめる。

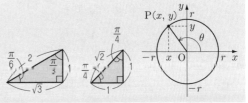

問 34 右の図のように，半径 $r = \sqrt{2}$ の円を考える。　←$\dfrac{5}{4}\pi = 225° = 180° + 45°$
P の座標は $(-1,\ -1)$ である。　←$1:1:\sqrt{2}$ の三角形を用いる
よって，

$$\sin\frac{5}{4}\pi = \frac{-1}{\sqrt{2}} = -\frac{1}{\sqrt{2}},\ \cos\frac{5}{4}\pi = \frac{-1}{\sqrt{2}} = -\frac{1}{\sqrt{2}},\ \tan\frac{5}{4}\pi = \frac{-1}{-1} = 1$$

第 3 象限の座標の符号はマイナス

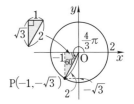

練習 59

(1) 右の図より $r = 2$,　←$\dfrac{5}{6}\pi = 150° = 180° - 30°$
P$(-\sqrt{3},\ 1)$ なので，

$$\sin\frac{5}{6}\pi = \frac{1}{2}$$

$$\cos\frac{5}{6}\pi = \frac{-\sqrt{3}}{2} = -\frac{\sqrt{3}}{2}$$

$$\tan\frac{5}{6}\pi = \frac{1}{-\sqrt{3}} = -\frac{\sqrt{3}}{3}$$

(2) 右の図より $r = 2$,　←$\dfrac{4}{3}\pi = 240° = 180° + 60°$
P$(-1,\ -\sqrt{3})$ なので，

$$\sin\frac{4}{3}\pi = \frac{-\sqrt{3}}{2} = -\frac{\sqrt{3}}{2}$$

$$\cos\frac{4}{3}\pi = \frac{-1}{2} = -\frac{1}{2}$$

$$\tan\frac{4}{3}\pi = \frac{-\sqrt{3}}{-1} = \sqrt{3}$$

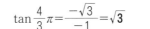

35・三角関数の相互関係

考え方　$\sin\theta,\ \cos\theta,\ \tan\theta$ のうち1つしか分かっていないときは

$\sin^2\theta+\cos^2\theta=1,\ \ 1+\tan^2\theta=\dfrac{1}{\cos^2\theta}$ のいずれかを用いる。（角の条件から符号に注意）

2つが分かっているときは，$\tan\theta=\dfrac{\sin\theta}{\cos\theta}$ を用いる。

問35 (1)　$\cos^2\theta=1-\sin^2\theta=1-\left(-\dfrac{\sqrt{7}}{4}\right)^2=\dfrac{16-7}{16}=\dfrac{9}{16}$　　←$\sin^2\theta+\cos^2\theta=1$ より　$\cos^2\theta=1-\sin^2\theta$

θ は第3象限の角なので，$\cos\theta<0$

よって，$\cos\theta=-\dfrac{3}{4}$

また，$\tan\theta=\dfrac{\sin\theta}{\cos\theta}=-\dfrac{\sqrt{7}}{4}\div\left(-\dfrac{3}{4}\right)=\dfrac{\sqrt{7}}{3}$　　←$\dfrac{\sin\theta}{\cos\theta}=\sin\theta\div\cos\theta$

(2)　$1+\tan^2\theta=\dfrac{1}{\cos^2\theta}$ より，$\dfrac{1}{\cos^2\theta}=1+(-\sqrt{5})^2=6$　　←$\tan\theta$ が与えられたとき，$1+\tan^2\theta=\dfrac{1}{\cos^2\theta}$

よって，$\cos^2\theta=\dfrac{1}{6}$　　←$\dfrac{1}{\cos^2\theta}=6$ より両辺の逆数をとる。$\dfrac{y}{x}=\dfrac{b}{a}\iff\dfrac{x}{y}=\dfrac{a}{b}$ $(abxy\neq0)$

θ が第4象限の角だから，$\cos\theta>0$　　よって，$\cos\theta=\sqrt{\dfrac{1}{6}}=\dfrac{\sqrt{6}}{6}$

また，$\sin\theta=\tan\theta\times\cos\theta=-\sqrt{5}\times\dfrac{\sqrt{6}}{6}=-\dfrac{\sqrt{30}}{6}$

(3)　$(\sin\theta+\cos\theta)^2=\left(-\dfrac{1}{3}\right)^2$ から

$\sin^2\theta+2\sin\theta\cos\theta+\cos^2\theta=\dfrac{1}{9}$

したがって，$1+2\sin\theta\cos\theta=\dfrac{1}{9}$　　←$\sin^2\theta+\cos^2\theta=1$ から

よって，$\sin\theta\cos\theta=-\dfrac{4}{9}$

練習60

(1)　$\cos^2\theta=1-\sin^2\theta=1-\left(\dfrac{4}{5}\right)^2=1-\dfrac{16}{25}=\dfrac{9}{25}$

θ は第2象限の角なので，$\cos\theta<0$

よって，$\cos\theta=-\sqrt{\dfrac{9}{25}}=-\dfrac{3}{5}$

また，$\tan\theta=\dfrac{\sin\theta}{\cos\theta}=\dfrac{4}{5}\div\left(-\dfrac{3}{5}\right)=-\dfrac{4}{3}$

(2)　$\cos^2\theta=1-\sin^2\theta=1-\left(-\dfrac{\sqrt{11}}{6}\right)^2=1-\dfrac{11}{36}=\dfrac{25}{36}$

θ は第4象限の角なので，$\cos\theta>0$

よって，$\cos\theta=\sqrt{\dfrac{25}{36}}=\dfrac{5}{6}$

また，$\tan\theta=\dfrac{\sin\theta}{\cos\theta}=-\dfrac{\sqrt{11}}{6}\div\dfrac{5}{6}=-\dfrac{\sqrt{11}}{5}$

(3)　$\sin^2\theta=1-\cos^2\theta=1-\left(\dfrac{\sqrt{10}}{4}\right)^2=1-\dfrac{10}{16}=\dfrac{6}{16}$

θ は第1象限の角なので，$\sin\theta>0$

よって，$\sin\theta=\sqrt{\dfrac{6}{16}}=\dfrac{\sqrt{6}}{4}$

また，$\tan\theta=\dfrac{\sin\theta}{\cos\theta}=\dfrac{\sqrt{6}}{4}\div\dfrac{\sqrt{10}}{4}=\dfrac{\sqrt{6}}{\sqrt{10}}$

$=\dfrac{\sqrt{60}}{10}=\dfrac{2\sqrt{15}}{10}=\dfrac{\sqrt{15}}{5}$

(4)　$\sin^2\theta=1-\left(-\dfrac{1}{3}\right)^2=1-\dfrac{1}{9}=\dfrac{8}{9}$

θ は第3象限の角なので，$\sin\theta<0$

よって，$\sin\theta=-\sqrt{\dfrac{8}{9}}=-\dfrac{2\sqrt{2}}{3}$

また，$\tan\theta=\dfrac{\sin\theta}{\cos\theta}$

$=-\dfrac{2\sqrt{2}}{3}\div\left(-\dfrac{1}{3}\right)=2\sqrt{2}$

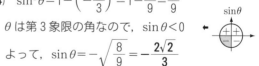

(5) $\dfrac{1}{\cos^2\theta}=1+\tan^2\theta=1+\left(-\dfrac{3}{2}\right)^2=1+\dfrac{9}{4}=\dfrac{13}{4}$

よって，$\cos^2\theta=\dfrac{4}{13}$

θ は第2象限の角なので，$\cos\theta<0$　

よって，$\cos\theta=-\sqrt{\dfrac{4}{13}}=-\dfrac{2\sqrt{13}}{13}$

また，$\sin\theta=\tan\theta\times\cos\theta=\left(-\dfrac{3}{2}\right)\times\left(-\dfrac{2\sqrt{13}}{13}\right)=\dfrac{3\sqrt{13}}{13}$

(6) $\dfrac{1}{\cos^2\theta}=1+\tan^2\theta=1+\left(\dfrac{3}{4}\right)^2=1+\dfrac{9}{16}=\dfrac{25}{16}$

よって，$\cos^2\theta=\dfrac{16}{25}$

θ は第1象限の角なので，$\cos\theta>0$　

よって，$\cos\theta=\sqrt{\dfrac{16}{25}}=\dfrac{4}{5}$

また，$\sin\theta=\tan\theta\times\cos\theta=\dfrac{3}{4}\times\dfrac{4}{5}=\dfrac{3}{5}$

練習61 (1)　$(\sin\theta-\cos\theta)^2=\left(\dfrac{1}{2}\right)^2$ から

$\sin^2\theta-2\sin\theta\cos\theta+\cos^2\theta=\dfrac{1}{4}$

したがって，$1-2\sin\theta\cos\theta=\dfrac{1}{4}$　　←$\sin^2\theta+\cos^2\theta=1$ から

よって，$\sin\theta\cos\theta=\dfrac{3}{8}$

(2)　$\tan\theta+\dfrac{1}{\tan\theta}=\dfrac{\sin\theta}{\cos\theta}+\dfrac{\cos\theta}{\sin\theta}=\dfrac{\sin^2\theta+\cos^2\theta}{\sin\theta\cos\theta}$

←$\tan\theta=\dfrac{\sin\theta}{\cos\theta}$ から

←$\sin^2\theta+\cos^2\theta=1$ から

$=\dfrac{1}{\sin\theta\cos\theta}=\dfrac{8}{3}$

←(1)の結果を用いる

36 三角方程式，三角不等式

考え方　$\sin\theta=k$ あるいは $\cos\theta=k$ を解くには単位円上に有名三角形をあてはめる。そのために，右の図のような斜辺の長さが1のときの辺の長さを覚えておきたい。

また，$\tan\theta=k$ を解くには原点 O と点 $\mathrm{T}(1,\ k)$ を結ぶ直線と単位円を考える。そのために，右の図のような直角三角形の辺の長さを覚えておきたい。

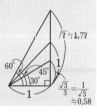

問36 (1)　下の図において，直線 $x=\dfrac{\sqrt{3}}{2}$ をとると，　←$\cos\theta$ なので $x=\dfrac{\sqrt{3}}{2}$

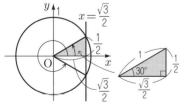

←　$30°=\dfrac{\pi}{6}$　　　$2\pi-\dfrac{\pi}{6}=\dfrac{11}{6}\pi$

図から，$\theta=\dfrac{\pi}{6},\ \dfrac{11}{6}\pi$

(2)　上図において，領域 $x<\dfrac{\sqrt{3}}{2}$ に含まれる単位円を考えると，

$\dfrac{\pi}{6}<\theta<\dfrac{11}{6}\pi$

(3)　右の図において，

T$(1,\ -\sqrt{3}\,)$ をとると，

図から，$\theta = \dfrac{2}{3}\pi,\ \dfrac{5}{3}\pi$

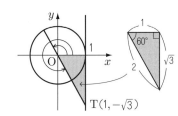

←線分 TO を O 側にさらに延長する

←　$180° - 60° = 120° = \dfrac{2}{3}\pi$

←　$360° - 60° = 300° = \dfrac{5}{3}\pi$

練習 62

(1)　下の図において，直線 $y = \dfrac{1}{\sqrt{2}}$ をとると，

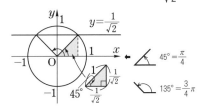

←　$45° = \dfrac{\pi}{4}$

　　$135° = \dfrac{3}{4}\pi$

図から，$\theta = \dfrac{\pi}{4},\ \dfrac{3}{4}\pi$

(2)　(1)の図において，領域 $y < \dfrac{1}{\sqrt{2}}$ に含まれる

単位円を考えると，

$$0 \leqq \theta < \dfrac{\pi}{4},\ \dfrac{3}{4}\pi < \theta < 2\pi$$

(3)　下の図において，直線 $x = \dfrac{1}{2}$ をとると，

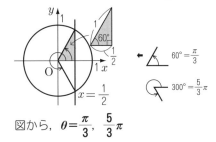

←　$60° = \dfrac{\pi}{3}$

　　$300° = \dfrac{5}{3}\pi$

図から，$\theta = \dfrac{\pi}{3},\ \dfrac{5}{3}\pi$

(4)　(3)の図において，領域 $x \geqq \dfrac{1}{2}$ に含まれる

単位円を考えると，

$$0 \leqq \theta \leqq \dfrac{\pi}{3},\ \dfrac{5}{3}\pi \leqq \theta < 2\pi$$

(5)　$\sqrt{2}\cos\theta + 1 = 0$

　　　$\cos\theta = -\dfrac{1}{\sqrt{2}}$

下の図において，直線 $x = -\dfrac{1}{\sqrt{2}}$ をとると，

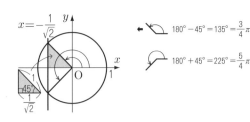

←　$180° - 45° = 135° = \dfrac{3}{4}\pi$

　　$180° + 45° = 225° = \dfrac{5}{4}\pi$

図から，$\theta = \dfrac{3}{4}\pi,\ \dfrac{5}{4}\pi$

(6)　$\sqrt{2}\cos\theta < -1$

　　　$\cos\theta < -\dfrac{1}{\sqrt{2}}$

(5)の図において，領域 $x < -\dfrac{1}{\sqrt{2}}$ に含まれる

単位円を考えると，

$$\dfrac{3}{4}\pi < \theta < \dfrac{5}{4}\pi$$

(7)　$2\sin\theta-\sqrt{3}=0$

　　$\sin\theta=\dfrac{\sqrt{3}}{2}$

　　下の図において，直線 $y=\dfrac{\sqrt{3}}{2}$ をとると，

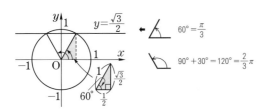

　　図から，$\theta=\dfrac{\pi}{3},\ \dfrac{2}{3}\pi$

(8)　$2\sin\theta\geqq\sqrt{3}$

　　$\sin\theta\geqq\dfrac{\sqrt{3}}{2}$

　　(7)の図において，領域 $y\geqq\dfrac{\sqrt{3}}{2}$ に含まれる

　　単位円を考えると，

　　$\dfrac{\pi}{3}\leqq\theta\leqq\dfrac{2}{3}\pi$

(9)　右の図において，

　　$T\left(1,\ \dfrac{1}{\sqrt{3}}\right)$ をとると，

　　図から，$\theta=\dfrac{\pi}{6},\ \dfrac{7}{6}\pi$

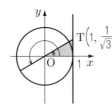
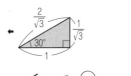

(10)　右の図において，

　　$T(1,\ -1)$ をとると，

　　図から，$\theta=\dfrac{3}{4}\pi,\ \dfrac{7}{4}\pi$

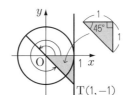
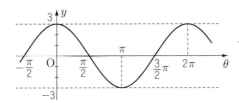

37　三角関数のグラフ

考え方　まず，$y=\sin\theta,\ y=\cos\theta,\ y=\tan\theta$ のグラフをしっかりと覚えたい。

　　　次に，$y=a\sin\theta$ のグラフは，$y=\sin\theta$ のグラフを y 軸方向に a 倍する。

　$y=\sin(\theta-p)$ のグラフは，$y=\sin\theta$ のグラフを θ 軸方向に p だけ平行移動する。

　$y=\sin k\theta$ のグラフは，$y=\sin\theta$ のグラフを θ 軸方向に $\dfrac{1}{k}$ 倍する。

問 37

(1)　$y=3\cos\theta$ は
　　右の図。

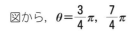

← $y=\cos\theta$ のグラフを y 軸方向に 3 倍

(2) $y=\sin\left(\theta+\dfrac{\pi}{4}\right)$ は
右の図。

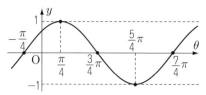

←$y=\sin\theta$ のグラフを θ 軸の負の方向に $\dfrac{\pi}{4}$ 平行移動

(3) $y=\tan 2\theta$ は
右の図。

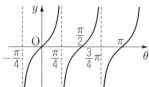

←$y=\tan\theta$ のグラフを θ 軸方向に $\dfrac{1}{2}$ 倍

 (1) $y=\dfrac{1}{2}\sin\theta$ の**周期は 2π**，下の図。

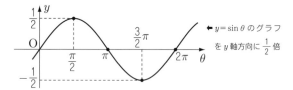

←$y=\sin\theta$ のグラフ
を y 軸方向に $\dfrac{1}{2}$ 倍

(2) $y=\tan\left(\theta+\dfrac{\pi}{2}\right)$ の**周期は π**，下の図。

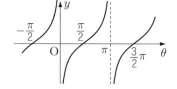

←$y=\tan\theta$ のグラフ
を θ 軸の負の方向
に $\dfrac{\pi}{2}$ 平行移動

(3) $y=\cos 4\theta$ の**周期は $\dfrac{\pi}{2}$**，下の図。

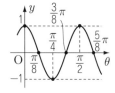

←$y=\cos\theta$ のグラフを
θ 軸方向に $\dfrac{1}{4}$ 倍

周期は $\dfrac{2\pi}{4}=\dfrac{\pi}{2}$
に変わる

(4) $y=\sin\left(\theta-\dfrac{\pi}{3}\right)$ の**周期は 2π**，下の図。

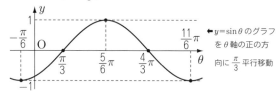

←$y=\sin\theta$ のグラフ
を θ 軸の正の方
向に $\dfrac{\pi}{3}$ 平行移動

(5) $y=\tan\dfrac{\theta}{2}$ の**周期は 2π**，下の図。

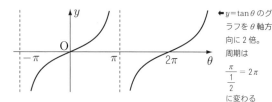

←$y=\tan\theta$ のグ
ラフを θ 軸方
向に 2 倍。
周期は
$\dfrac{\pi}{\frac{1}{2}}=2\pi$
に変わる

(6) $y=2\sin\theta+1$ の**周期は 2π**，下の図。

←$y=\sin\theta$ のグラフ
を y 軸方向に 2 倍
して y 軸の正の方
向に 1 平行移動

38 加法定理(1)

考え方 $\sin(\alpha+\beta)=\sin\alpha\cos\beta+\cos\alpha\sin\beta$，$\cos(\alpha+\beta)=\cos\alpha\cos\beta-\sin\alpha\sin\beta$ をしっかりと覚える。$\tan(\alpha+\beta)$ は $\tan(\alpha+\beta)=\dfrac{\sin(\alpha+\beta)}{\cos(\alpha+\beta)}$ において，上の加法定理を用いて，分母，分子を $\cos\alpha\cos\beta$ で割ればよい。また，$\sin(\alpha-\beta)$，$\cos(\alpha-\beta)$ は β を $-\beta$ におきかえて，$\sin(-\beta)=-\sin\beta$，$\cos(-\beta)=\cos\beta$ を用いればよい。

問 38

(1) $\sin 105° = \sin(45° + 60°)$

$\quad = \sin 45° \cos 60° + \cos 45° \sin 60°$

$\quad = \dfrac{\sqrt{2}}{2} \times \dfrac{1}{2} + \dfrac{\sqrt{2}}{2} \times \dfrac{\sqrt{3}}{2} = \dfrac{\sqrt{2} + \sqrt{6}}{4}$

← $\sin(\alpha + \beta) = \sin\alpha\cos\beta + \cos\alpha\sin\beta$
　$\alpha = 45°$, $\beta = 60°$ とすれば有名角の三角比の値から求められる

(2) $\cos 15° = \cos(45° - 30°)$

$\quad = \cos 45° \cos 30° + \sin 45° \sin 30°$

$\quad = \dfrac{\sqrt{2}}{2} \times \dfrac{\sqrt{3}}{2} + \dfrac{\sqrt{2}}{2} \times \dfrac{1}{2} = \dfrac{\sqrt{6} + \sqrt{2}}{4}$

← $\cos(\alpha - \beta) = \cos\alpha\cos\beta + \sin\alpha\sin\beta$
　$\alpha = 45°$, $\beta = 30°$ とすれば有名角の三角比の値から求められる

(3) $\tan 75° = \tan(30° + 45°) = \dfrac{\tan 30° + \tan 45°}{1 - \tan 30° \tan 45°}$

← $\tan(\alpha + \beta) = \dfrac{\tan\alpha + \tan\beta}{1 - \tan\alpha\ \tan\beta}$

$\quad = \dfrac{\dfrac{1}{\sqrt{3}} + 1}{1 - \dfrac{1}{\sqrt{3}} \times 1} = \dfrac{\sqrt{3} + 1}{\sqrt{3} - 1}$

← 分母・分子に $\sqrt{3}$ を掛ける

$\quad = \dfrac{(\sqrt{3} + 1)^2}{(\sqrt{3} - 1)(\sqrt{3} + 1)} = \dfrac{3 + 2\sqrt{3} + 1}{3 - 1} = \dfrac{4 + 2\sqrt{3}}{2} = 2 + \sqrt{3}$

練習 64 (1) $\sin(-15°) = \sin(30° - 45°)$

$= \sin 30° \cos 45° - \cos 30° \sin 45°$

$= \dfrac{1}{2} \times \dfrac{\sqrt{2}}{2} - \dfrac{\sqrt{3}}{2} \times \dfrac{\sqrt{2}}{2} = \dfrac{\sqrt{2} - \sqrt{6}}{4}$

(2) $\cos 75° = \cos(30° + 45°)$

$= \cos 30° \cos 45° - \sin 30° \sin 45°$

$= \dfrac{\sqrt{3}}{2} \times \dfrac{\sqrt{2}}{2} - \dfrac{1}{2} \times \dfrac{\sqrt{2}}{2} = \dfrac{\sqrt{6} - \sqrt{2}}{4}$

39 加法定理 (2)

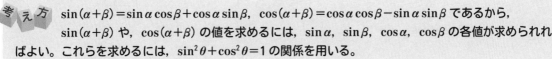

考え方　$\sin(\alpha + \beta) = \sin\alpha\cos\beta + \cos\alpha\sin\beta$, $\cos(\alpha + \beta) = \cos\alpha\cos\beta - \sin\alpha\sin\beta$ であるから, $\sin(\alpha + \beta)$ や, $\cos(\alpha + \beta)$ の値を求めるには, $\sin\alpha$, $\sin\beta$, $\cos\alpha$, $\cos\beta$ の各値が求められればよい。これらを求めるには, $\sin^2\theta + \cos^2\theta = 1$ の関係を用いる。

問 39 $\sin^2\alpha = 1 - \cos^2\alpha = 1 - \left(-\dfrac{1}{3}\right)^2 = 1 - \dfrac{1}{9} = \dfrac{8}{9}$

← $\cos\alpha$ の値から $\sin\alpha$ の値を求める

$\quad \sin^2\beta = 1 - \cos^2\beta = 1 - \left(\dfrac{\sqrt{5}}{3}\right)^2 = 1 - \dfrac{5}{9} = \dfrac{4}{9}$

← $\cos\beta$ の値から $\sin\beta$ の値を求める

α が第 2 象限の角, β が第 1 象限の角であるから, $\sin\alpha > 0$, $\sin\beta > 0$ である。

← $\sin\theta$

よって, $\sin\alpha = \sqrt{\dfrac{8}{9}} = \dfrac{2\sqrt{2}}{3}$, $\sin\beta = \sqrt{\dfrac{4}{9}} = \dfrac{2}{3}$

$\sin(\alpha - \beta) = \sin\alpha\cos\beta - \cos\alpha\sin\beta = \dfrac{2\sqrt{2}}{3} \times \dfrac{\sqrt{5}}{3} - \left(-\dfrac{1}{3}\right) \times \dfrac{2}{3} = \dfrac{2\sqrt{10} + 2}{9}$

$\cos(\alpha - \beta) = \cos\alpha\cos\beta + \sin\alpha\sin\beta = \left(-\dfrac{1}{3}\right) \times \dfrac{\sqrt{5}}{3} + \dfrac{2\sqrt{2}}{3} \times \dfrac{2}{3} = \dfrac{-\sqrt{5} + 4\sqrt{2}}{9}$

練習 65

$\cos^2\alpha = 1 - \sin^2\alpha = 1 - \left(\dfrac{4}{5}\right)^2 = 1 - \dfrac{16}{25} = \dfrac{9}{25}$

← $\sin\alpha$ の値から $\cos\alpha$ の値を求める

$\cos^2\beta = 1 - \sin^2\beta = 1 - \left(\dfrac{5}{13}\right)^2 = 1 - \dfrac{25}{169} = \dfrac{144}{169}$

← $\sin\beta$ の値から $\cos\beta$ の値を求める

α, β がともに第 2 象限の角であるから, $\cos\alpha < 0$, $\cos\beta < 0$

よって, $\cos\alpha = -\sqrt{\dfrac{9}{25}} = -\dfrac{3}{5}$, $\cos\beta = -\sqrt{\dfrac{144}{169}} = -\dfrac{12}{13}$

← $\cos\theta$

$$\sin(\alpha+\beta)=\sin\alpha\cos\beta+\cos\alpha\sin\beta$$
$$=\frac{4}{5}\times\left(-\frac{12}{13}\right)+\left(-\frac{3}{5}\right)\times\frac{5}{13}=\frac{-48-15}{65}=-\frac{63}{65}$$
$$\cos(\alpha-\beta)=\cos\alpha\cos\beta+\sin\alpha\sin\beta$$
$$=\left(-\frac{3}{5}\right)\times\left(-\frac{12}{13}\right)+\frac{4}{5}\times\frac{5}{13}=\frac{36+20}{65}=\frac{56}{65}$$

40　2倍角の公式

考え方　加法定理より $\beta=\alpha$ とすると，$\sin2\alpha=\sin(\alpha+\alpha)=\sin\alpha\cos\alpha+\cos\alpha\sin\alpha=2\sin\alpha\cos\alpha$，
同様に，$\cos2\alpha=\cos(\alpha+\alpha)=\cos\alpha\cos\alpha-\sin\alpha\sin\alpha=\cos^2\alpha-\sin^2\alpha=1-2\sin^2\alpha=2\cos^2\alpha-1$
2倍角の公式は無理に覚えるのではなく，このように導いて使おう。そして最終的に覚えればよい。

問40　$\sin^2\alpha=1-\cos^2\alpha=1-\left(\frac{3}{4}\right)^2=1-\frac{9}{16}=\frac{7}{16}$　←$\sin^2\alpha+\cos^2\alpha=1$

α は第4象限の角だから，$\sin\alpha<0$ である。

よって，$\sin\alpha=-\sqrt{\frac{7}{16}}=-\frac{\sqrt7}{4}$

$\sin2\alpha=2\sin\alpha\cos\alpha=2\times\left(-\frac{\sqrt7}{4}\right)\times\frac{3}{4}=-\frac{3\sqrt7}{8}$　←2倍角の公式で求める

$\cos2\alpha=2\cos^2\alpha-1=2\times\left(\frac{3}{4}\right)^2-1=\frac{9}{8}-1=\frac{1}{8}$　←$\cos\alpha$ の値が与えられているので，$\cos2\alpha=2\cos^2\alpha-1$ の公式を用いた

練習66　$\cos^2\alpha=1-\sin^2\alpha=1-\left(-\frac{2\sqrt2}{3}\right)^2=1-\frac{8}{9}=\frac{1}{9}$

α は第3象限の角であるから，$\cos\alpha<0$ より　$\cos\alpha=-\sqrt{\frac{1}{9}}=-\frac{1}{3}$

よって，$\sin2\alpha=2\sin\alpha\cos\alpha=2\times\left(-\frac{2\sqrt2}{3}\right)\times\left(-\frac{1}{3}\right)=\frac{4\sqrt2}{9}$

$\cos2\alpha=1-2\sin^2\alpha=1-2\times\left(-\frac{2\sqrt2}{3}\right)^2=1-2\times\frac{8}{9}=1-\frac{16}{9}=-\frac{7}{9}$　←$\sin\alpha$ が与えられているので，$\cos2\alpha=1-2\sin^2\alpha$

練習67　$\sin^2\alpha=1-\cos^2\alpha=1-\left(\frac{12}{13}\right)^2=1-\frac{144}{169}=\frac{25}{169}$

α は第1象限の角であるから，$\sin\alpha>0$ より，$\sin\alpha=\sqrt{\frac{25}{169}}=\frac{5}{13}$

よって，$\sin2\alpha=2\sin\alpha\cos\alpha=2\times\frac{5}{13}\times\frac{12}{13}=\frac{120}{169}$

$\cos2\alpha=2\cos^2\alpha-1=2\times\left(\frac{12}{13}\right)^2-1=\frac{288}{169}-1=\frac{119}{169}$　←$\cos\alpha$ が与えられているので，$\cos2\alpha=2\cos^2\alpha-1$

参考　2倍角の公式　$\cos2\theta=1-2\sin^2\theta=2\cos^2\theta-1$ において，2θ を θ，θ を $\frac{\theta}{2}$ とすると，

半角の公式　$\sin^2\frac{\theta}{2}=\frac{1-\cos\theta}{2}$，$\cos^2\frac{\theta}{2}=\frac{1+\cos\theta}{2}$ が得られる。

41　三角関数の合成

考え方　$a\sin\theta+b\cos\theta=\sqrt{a^2+b^2}\sin(\theta+\alpha)$
角 α は，原点 O と点 P$(a,\ b)$ を結ぶ線分 OP と x 軸の正の向き
とのなす角であるから，図をかこう。

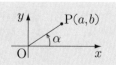

問 41 P($\sqrt{3}$, -1)とすると線分 OP が x 軸の正の向きとなす角は $-\dfrac{\pi}{6}$ より，

$$\sqrt{3}\sin\theta - \cos\theta = \sqrt{(\sqrt{3})^2 + (-1)^2}\,\sin\left(\theta - \dfrac{\pi}{6}\right) \quad \text{← 合成公式に } a=\sqrt{3},\ b=-1,$$
$$\alpha = -\dfrac{\pi}{6} \text{ を代入}$$
$$= 2\sin\left(\theta - \dfrac{\pi}{6}\right)$$

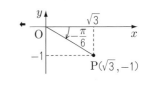

練習 68 (1) P(1, 1)とすると線分 OP が x 軸の正の向きとなす角は $\dfrac{\pi}{4}$ より，

$$\sin\theta + \cos\theta = \sqrt{1^2 + 1^2}\,\sin\left(\theta + \dfrac{\pi}{4}\right) = \sqrt{2}\,\sin\left(\theta + \dfrac{\pi}{4}\right)$$

$-1 \leqq \sin\left(\theta + \dfrac{\pi}{4}\right) \leqq 1$ より，**最大値 $\sqrt{2}$，最小値 $-\sqrt{2}$**

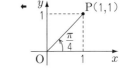

(2) P($-\sqrt{3}$, 1)とすると線分 OP が x 軸の正の向きとなす角は $\dfrac{5}{6}\pi$ より，

$$-\sqrt{3}\sin\theta + \cos\theta = \sqrt{(-\sqrt{3})^2 + 1^2}\,\sin\left(\theta + \dfrac{5}{6}\pi\right) = 2\sin\left(\theta + \dfrac{5}{6}\pi\right)$$

$-1 \leqq \sin\left(\theta + \dfrac{5}{6}\pi\right) \leqq 1$ より，**最大値 2，最小値 -2**

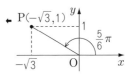

(3) P(1, -1)とすると線分 OP が x 軸の正の向きとなす角は $-\dfrac{\pi}{4}$ より，

$$\sin\theta - \cos\theta = \sqrt{1^2 + (-1)^2}\,\sin\left(\theta - \dfrac{\pi}{4}\right) = \sqrt{2}\,\sin\left(\theta - \dfrac{\pi}{4}\right)$$

$-1 \leqq \sin\left(\theta - \dfrac{\pi}{4}\right) \leqq 1$ より，**最大値 $\sqrt{2}$，最小値 $-\sqrt{2}$**

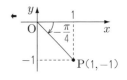

(4) P($\sqrt{2}$, $-\sqrt{6}$)とすると線分 OP が x 軸の正の向きとなす角は $-\dfrac{\pi}{3}$ より，

$$\sqrt{2}\sin\theta - \sqrt{6}\cos\theta = \sqrt{(\sqrt{2})^2 + (-\sqrt{6})^2}\,\sin\left(\theta - \dfrac{\pi}{3}\right)$$
$$= \sqrt{8}\,\sin\left(\theta - \dfrac{\pi}{3}\right) = 2\sqrt{2}\,\sin\left(\theta - \dfrac{\pi}{3}\right)$$

$-1 \leqq \sin\left(\theta - \dfrac{\pi}{3}\right) \leqq 1$ より，**最大値 $2\sqrt{2}$，最小値 $-2\sqrt{2}$**

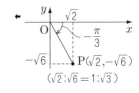

（$\sqrt{2}:\sqrt{6} = 1:\sqrt{3}$）

42 0 や負の整数の指数

考え方 $a \neq 0$，n が正の整数のとき，$a^0 = 1$，$a^{-n} = \dfrac{1}{a^n}$ である。すなわち，0 乗は 1，マイナスの数乗は分数になると覚えておこう。また，指数法則 (i) $a^m \times a^n = a^{m+n}$　(ii) $a^m \div a^n = a^{m-n}$　(iii) $(a^m)^n = a^{mn}$　(iv) $(ab)^n = a^n b^n$ は m，n が整数のとき，つまり負の数でも成り立つ。

練習 69 (1) $5^0 = 1$ 　　← $a^0 = 1$　　(2) $3^{-2} = \dfrac{1}{3^2} = \dfrac{1}{9}$ 　　← $a^{-n} = \dfrac{1}{a^n}$

(3) $4^{-3} = \dfrac{1}{4^3} = \dfrac{1}{64}$ 　　← マイナスの数乗は分数　　(4) $\left(\dfrac{1}{2}\right)^{-3} = \dfrac{1}{\left(\dfrac{1}{2}\right)^3} = \dfrac{1}{\dfrac{1}{8}} = 1 \div \dfrac{1}{8} = 1 \times \dfrac{8}{1} = 8$

問 42 (1) $a^3 \times (a^{-1}b^3)^3 \div b^5 = a^3 \times (a^{-1})^3 \times (b^3)^3 \div b^5 = a^3 \times a^{-3} \times b^9 \div b^5 = a^{3+(-3)} \times b^{9-5} = a^0 \times b^4 = 1 \times b^4 = b^4$

(2) $(3^2)^4 \div (3^{-2})^{-3} = 3^{2 \times 4} \div 3^{-2 \times (-3)} = 3^8 \div 3^6 = 3^{8-6} = 3^2 = 9$ 　　↑ $(a^m)^n = a^{mn}$，$a^m \times a^n = a^{m+n}$，$a^m \div a^n = a^{m-n}$

練習 70

(1) $a^3 \times a^{-5} = a^{3+(-5)} = a^{-2}$ 　　← $\dfrac{1}{a^2}$ と答えてもよい　　(2) $a^8 \div a^{-3} = a^{8-(-3)} = a^{11}$

(3)　$(a^{-2}b^{-3})^{-1}=(a^{-2})^{-1}\times(b^{-3})^{-1}$
　　　$=a^{-2\times(-1)}\times b^{-3\times(-1)}=\boldsymbol{a^2b^3}$

(5)　$(a^3b^2)^3\div a^5\times b^{-3}=(a^3)^3\times(b^2)^3\div a^5\times b^{-3}$
　　　$=a^9\times b^6\div a^5\times b^{-3}=a^{9-5}\times b^{6+(-3)}=\boldsymbol{a^4b^3}$

(7)　$10^{-6}\div10^{-8}=10^{-6-(-8)}=10^2=\boldsymbol{100}$

(4)　$a^6\div(a^{-2})^{-3}=a^6\div a^{-2\times(-3)}$
　　　$=a^6\div a^6=a^{6-6}=a^0=\boldsymbol{1}$　　←0乗は1

(6)　$(a^2)^4\times(a^{-3}b^2)^3\div b^{-2}=(a^2)^4\times(a^{-3})^3\times(b^2)^3\div b^{-2}$
　　　$=a^8\times a^{-9}\times b^6\div b^{-2}=a^{8+(-9)}\times b^{6-(-2)}=\boldsymbol{a^{-1}b^8}\ \left(=\dfrac{b^8}{a}\right)$

(8)　$2^3\times2^{-4}\div2^3=2^{3+(-4)-3}=2^{-4}=\dfrac{1}{2^4}=\dfrac{1}{16}$

43 累乗根の計算

考え方　$\sqrt[n]{a}$ は n 乗すると a になる数であるから $(\sqrt[n]{a})^n=\sqrt[n]{a^n}=a$ である。
　また，n 乗根の計算のルールは，平方根の場合と同じと覚えておくとよい。

練習71▶　(1)　$\sqrt[5]{32}=\sqrt[5]{2^5}=\boldsymbol{2}$　　　←$\sqrt[n]{a^n}=a$
(3)　$\sqrt[4]{81}=\sqrt[4]{3^4}=\boldsymbol{3}$

(2)　$\sqrt[3]{27}=\sqrt[3]{3^3}=\boldsymbol{3}$
(4)　$\sqrt[3]{125}=\sqrt[3]{5^3}=\boldsymbol{5}$

問43　(1)　$\sqrt[4]{125}\ \sqrt[4]{5}=\sqrt[4]{125\times5}=\sqrt[4]{5^4}=\boldsymbol{5}$　　←$125=5^3$ に気づけば，（与式）$=\sqrt[4]{5^3}\times\sqrt[4]{5}=\sqrt[4]{5^4}=5$

(2)　$\dfrac{\sqrt[3]{5}}{\sqrt[3]{135}}=\sqrt[3]{\dfrac{5}{135}}=\sqrt[3]{\dfrac{1}{27}}=\dfrac{1}{\sqrt[3]{27}}=\dfrac{1}{\sqrt[3]{3^3}}=\dfrac{1}{3}$

(3)　$\sqrt{\sqrt{625}}=\sqrt[4]{625}=\sqrt[4]{5^4}=\boldsymbol{5}$　　←$\sqrt{a}$ は2乗すると a になるので $\sqrt[4]{a}$ である。

練習72▶　(1)　$\sqrt[3]{5}\ \sqrt[3]{25}=\sqrt[3]{5\times25}=\sqrt[3]{5^3}=\boldsymbol{5}$

(3)　$\dfrac{\sqrt[3]{32}}{\sqrt[3]{4}}=\sqrt[3]{\dfrac{32}{4}}=\sqrt[3]{8}=\sqrt[3]{2^3}=\boldsymbol{2}$

(5)　$\dfrac{\sqrt[3]{2}}{\sqrt[3]{250}}=\sqrt[3]{\dfrac{2}{250}}=\sqrt[3]{\dfrac{1}{125}}=\dfrac{1}{\sqrt[3]{125}}=\dfrac{1}{\sqrt[3]{5^3}}=\dfrac{1}{5}$

(2)　$\dfrac{\sqrt[4]{5}}{\sqrt[4]{80}}=\sqrt[4]{\dfrac{5}{80}}=\sqrt[4]{\dfrac{1}{16}}=\dfrac{1}{\sqrt[4]{16}}=\dfrac{1}{\sqrt[4]{2^4}}=\dfrac{1}{2}$

(4)　$\sqrt[3]{49}\ \sqrt[3]{7}=\sqrt[3]{49\times7}=\sqrt[3]{7^3}=\boldsymbol{7}$

(6)　$\sqrt[5]{\sqrt{1024}}=\sqrt[5\times2]{1024}=\sqrt[10]{1024}=\sqrt[10]{2^{10}}=\boldsymbol{2}$

44 有理数の指数

考え方　$(a^{\frac{1}{n}})^n=a^{\frac{1}{n}\times n}=a^1=a$ より，$a^{\frac{1}{n}}$ は n 乗すると a になる数である。したがって，$a^{\frac{1}{n}}=\sqrt[n]{a}$
　すなわち，$a^{\frac{1}{n}}$ は a の n 乗根である。

問44　(1)　$\sqrt[7]{a}=\boldsymbol{a^{\frac{1}{7}}}$　　　　　←$\sqrt[n]{a}=a^{\frac{1}{n}}$

(2)　$\sqrt[3]{a^2}=\boldsymbol{a^{\frac{2}{3}}}$　　　　　←$\sqrt[n]{a^m}=a^{\frac{m}{n}}$

(3)　$\dfrac{1}{\sqrt[4]{a^3}}=\dfrac{1}{a^{\frac{3}{4}}}=\boldsymbol{a^{-\frac{3}{4}}}$　　　　←$\dfrac{1}{a^n}=a^{-n}$

練習73▶　(1)　$5^{\frac{1}{3}}=\sqrt[3]{5}$

(3)　$10^{\frac{2}{3}}=\sqrt[3]{10^2}=\sqrt[3]{100}$

(2)　$3^{\frac{2}{5}}=\sqrt[5]{3^2}=\sqrt[5]{9}$

(4)　$6^{-\frac{2}{3}}=\dfrac{1}{6^{\frac{2}{3}}}=\dfrac{1}{\sqrt[3]{6^2}}=\dfrac{1}{\sqrt[3]{36}}=\sqrt[3]{\dfrac{1}{36}}$

練習74▶　(1)　$\sqrt[4]{a}=\boldsymbol{a^{\frac{1}{4}}}$
(3)　$\dfrac{1}{\sqrt[3]{a^2}}=\dfrac{1}{a^{\frac{2}{3}}}=\boldsymbol{a^{-\frac{2}{3}}}$

(2)　$\sqrt[3]{a^2}=\boldsymbol{a^{\frac{2}{3}}}$
(4)　$\dfrac{1}{\sqrt[5]{a^3}}=\dfrac{1}{a^{\frac{3}{5}}}=\boldsymbol{a^{-\frac{3}{5}}}$

指数法則の拡張

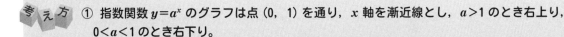

考え方　$a>0$, $b>0$, p, q が有理数のとき,

(i) $a^p \times a^q = a^{p+q}$　(ii) $a^p \div a^q = a^{p-q}$　(iii) $(a^p)^q = a^{pq}$　(iv) $(ab)^p = a^p b^p$

これらを指数法則という。p, q が自然数であれば, 成り立つことは当然であるが, p, q が有理数つまり, 分数であっても成り立つという主張である。すなわち, 指数法則は, 指数が分数であっても成り立つのである。

問 45 (1) $3^{\frac{2}{3}} \times 3^{\frac{4}{3}} = 3^{\frac{2}{3}+\frac{4}{3}} = 3^{\frac{6}{3}} = 3^2 = \mathbf{9}$　←$a^p \times a^q = a^{p+q}$

(2) $16^{-\frac{5}{4}} = (2^4)^{-\frac{5}{4}} = 2^{4 \times (-\frac{5}{4})} = 2^{-5} = \dfrac{1}{2^5} = \dfrac{1}{\mathbf{32}}$　←$(a^p)^q = a^{pq}$, $a^{-n} = \dfrac{1}{a^n}$

(3) $\sqrt{a^3} \div \sqrt[3]{a} \times \sqrt[6]{a^5} = a^{\frac{3}{2}} \div a^{\frac{1}{3}} \times a^{\frac{5}{6}} = a^{\frac{3}{2}-\frac{1}{3}+\frac{5}{6}} = a^{\frac{9}{6}-\frac{2}{6}+\frac{5}{6}} = a^{\frac{12}{6}} = \boldsymbol{a^2}$　←$\sqrt{a^3} = \sqrt[2]{a^3} = a^{\frac{3}{2}}$

練習 75 (1) $9^{\frac{3}{4}} \times 9^{-\frac{1}{4}} = 9^{\frac{3}{4}+(-\frac{1}{4})} = 9^{\frac{2}{4}} = 9^{\frac{1}{2}} = (3^2)^{\frac{1}{2}} = 3^{2 \times \frac{1}{2}} = 3^1 = \mathbf{3}$　←$9^{\frac{1}{2}} = \sqrt{9} = 3$ とも計算できる

(2) $27^{\frac{1}{2}} \times 27^{-\frac{1}{3}} \times 27^{\frac{1}{6}} = 27^{\frac{1}{2}-\frac{1}{3}+\frac{1}{6}} = 27^{\frac{3}{6}-\frac{2}{6}+\frac{1}{6}} = 27^{\frac{2}{6}} = 27^{\frac{1}{3}} = (3^3)^{\frac{1}{3}} = 3^1 = \mathbf{3}$

練習 76 (1) $\sqrt[3]{a^2} \div a \times \sqrt[3]{a^4} = a^{\frac{2}{3}} \div a^1 \times a^{\frac{4}{3}} = a^{\frac{2}{3}-1+\frac{4}{3}}$　(2) $\sqrt[4]{a} \times \sqrt[12]{a^5} \div \sqrt[3]{a^2} = a^{\frac{1}{4}} \times a^{\frac{5}{12}} \div a^{\frac{2}{3}} = a^{\frac{3}{12}+\frac{5}{12}-\frac{8}{12}}$
$= a^1 = \boldsymbol{a}$　　　　　　　　　　　　　　　　　　$= a^0 = \mathbf{1}$

指数関数のグラフ

考え方　① 指数関数 $y = a^x$ のグラフは点 $(0, 1)$ を通り, x 軸を漸近線とし, $a>1$ のとき右上り, $0<a<1$ のとき右下り。

② $p<q$ のとき, $a^p < a^q$ か, $a^p > a^q$ であるかは, 底 a が 1 より大きいか小さいかで定まる。大小比較の問題は, まず底をそろえよう。

問 46

(1) $y = \left(\dfrac{1}{2}\right)^x$ のグラフは点 $(0, 1)$ を通り,

x 軸を漸近線とする右下りの曲線でグラフは右の図のようになる。

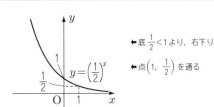

←底 $\dfrac{1}{2}<1$ より, 右下り

←点 $\left(1, \dfrac{1}{2}\right)$ を通る

(2) $\sqrt[4]{8} = \sqrt[4]{2^3} = 2^{\frac{3}{4}}$, $\sqrt[5]{16} = \sqrt[5]{2^4} = 2^{\frac{4}{5}}$　←$8 = 2^3$, $16 = 2^4$ なので底を 2 にそろえる！

$\dfrac{3}{4} = \dfrac{15}{20}$, $\dfrac{4}{5} = \dfrac{16}{20}$ より, $\dfrac{3}{4} < \dfrac{4}{5}$ であり, 底 $2>1$ から, $2^{\frac{3}{4}} < 2^{\frac{4}{5}}$　←向きは不変

よって, $\sqrt[4]{8} < \sqrt[5]{16}$

練習 77

(1) $y = \left(\dfrac{2}{3}\right)^x$ のグラフは点 $(0, 1)$ を通り, x 軸を

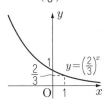

漸近線とする右下りの曲線でグラフは左の図のようになる。

←底 $\dfrac{2}{3}<1$ より, 右下り

←点 $\left(1, \dfrac{2}{3}\right)$ を通る

(2) $y = \left(\dfrac{3}{2}\right)^x$ のグラフは点 $(0, 1)$ を通り, x 軸を漸

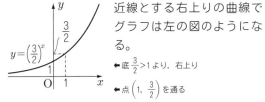

近線とする右上りの曲線でグラフは左の図のようになる。

←底 $\dfrac{3}{2}>1$ より, 右上り

←点 $\left(1, \dfrac{3}{2}\right)$ を通る

練習 78

(1) $\sqrt[7]{125}=\sqrt[7]{5^3}=5^{\frac{3}{7}}$, $\sqrt[5]{25}=\sqrt[5]{5^2}=5^{\frac{2}{5}}$

$\dfrac{3}{7}=\dfrac{15}{35}$, $\dfrac{2}{5}=\dfrac{14}{35}$ より,

$\dfrac{3}{7}$ ＞ $\dfrac{2}{5}$ であり,

底 $5>1$ から, $5^{\frac{3}{7}}$ ＞ $5^{\frac{2}{5}}$　←向きは不変

よって, $\sqrt[7]{125}>\sqrt[5]{25}$

(2) $\sqrt[3]{\dfrac{1}{16}}=\sqrt[3]{\left(\dfrac{1}{2}\right)^4}=\left(\dfrac{1}{2}\right)^{\frac{4}{3}}$, $\sqrt[4]{\dfrac{1}{32}}=\sqrt[4]{\left(\dfrac{1}{2}\right)^5}=\left(\dfrac{1}{2}\right)^{\frac{5}{4}}$

$\dfrac{4}{3}=\dfrac{16}{12}$, $\dfrac{5}{4}=\dfrac{15}{12}$ より, $\dfrac{4}{3}>\dfrac{5}{4}$ であり,

底 $\dfrac{1}{2}<1$ から, $\left(\dfrac{1}{2}\right)^{\frac{4}{3}}<\left(\dfrac{1}{2}\right)^{\frac{5}{4}}$　←向きは変わる

よって, $\sqrt[3]{\dfrac{1}{16}}<\sqrt[4]{\dfrac{1}{32}}$

47 指数方程式，指数不等式

考え方 ① $a^x=a^y \iff x=y$　② $a^x<a^y \iff \begin{cases} a>1\text{のとき,} & x<y \\ 0<a<1\text{のとき,} & x>y \end{cases}$ であるから, 指数方程式, 指数不等式は底をそろえることで解くことができる。

問 47 (1) $8^x=(2^3)^x=2^{3x}$ であるから,　←底が8と2なので2にそろえる

方程式は $2^{3x}=2^{x+2}$ と変形できる。底が等しいので,

$3x=x+2$　　$2x=2$　　←$a^x=a^y \iff x=y$

よって, $x=1$

(2) $\left(\dfrac{1}{9}\right)^x=\left\{\left(\dfrac{1}{3}\right)^2\right\}^x=\left(\dfrac{1}{3}\right)^{2x}$, $\dfrac{1}{27}=\left(\dfrac{1}{3}\right)^3$　←底をそろえる

底 $\dfrac{1}{3}<1$ より, $2x\leqq 3$　　$x\leqq\dfrac{3}{2}$　　←$0<a<1$のとき, $a^x\geqq a^y \iff x\leqq y$

練習 79 (1) $9^x=(3^2)^x=3^{2x}$, $\dfrac{1}{27}=\dfrac{1}{3^3}=3^{-3}$ であるから, $3^{2x}=3^{-3}$　↑底を3にする

よって, $2x=-3$　　$x=-\dfrac{3}{2}$

(2) $\left(\dfrac{1}{4}\right)^{3x}=(2^{-2})^{3x}=2^{-6x}$, $8=2^3$ であるから,

$2^{-6x}=2^3$

よって, $-6x=3$　　$x=-\dfrac{1}{2}$

(3) $\left(\dfrac{1}{125}\right)^x=\left\{\left(\dfrac{1}{5}\right)^3\right\}^x=\left(\dfrac{1}{5}\right)^{3x}$, $\dfrac{1}{25}=\left(\dfrac{1}{5}\right)^2$

底 $\dfrac{1}{5}<1$ より, $3x>2$　　$x>\dfrac{2}{3}$　←底をそろえる ←$0<a<1$のとき, $a^x<a^y \iff x>y$

(4) $27^x=(3^3)^x=3^{3x}$,

$3\cdot 9^x=3\cdot(3^2)^x=3\cdot 3^{2x}=3^{2x+1}$　←底をそろえる

底 $3>1$ より, $3x\leqq 2x+1$　←$a>1$のとき, $a^x\leqq a^y \iff x\leqq y$

$x\leqq 1$

48 対　数

考え方 対数は記号の一種であるから，それに慣れるのが一番である。そのためには, $p=\log_a M \iff a^p=M$ の変換によって，なじみのある指数で考えればよい。

練習 80 (1) $4=\log_3 81$　　(2) $\dfrac{1}{2}=\log_2\sqrt{2}$　　(3) $10^2=100$　　(4) $2^{-2}=0.25$　←$p=\log_a M$ $\iff a^p=M$

問 48 (1) $\log_2\dfrac{1}{8}=x$ とおくと, $2^x=\dfrac{1}{8}$　←変換公式

$2^x=2^{-3}$　　←$\dfrac{1}{8}=\dfrac{1}{2^3}=2^{-3}$

よって, $x=-3$

(2) $\log_4 32=x$ とおくと, $4^x=32$　←変換公式

$2^{2x}=2^5$　　←底は2にそろえる！

よって, $2x=5$　　$x=\dfrac{5}{2}$

練習 81 (1) $\log_5 125 = x$ とおくと，$5^x = 125$

$5^x = 5^3$ ←底を 5 にそろえる

よって，$x = 3$

(2) $\log_2 1 = x$ とおくと，$2^x = 1$

$2^x = 2^0$ ←$2^0 = 1$

よって，$x = 0$

(3) $\log_{27} 9 = x$ とおくと，$27^x = 9$

$3^{3x} = 3^2$ ←底を 3 にそろえる

よって，$3x = 2$　　$x = \dfrac{2}{3}$

(4) $\log_{\frac{1}{8}} 16 = x$ とおくと，$\left(\dfrac{1}{8}\right)^x = 16$

$2^{-3x} = 2^4$ ←$\dfrac{1}{8} = \dfrac{1}{2^3} = 2^{-3}$

よって，$-3x = 4$　　$x = -\dfrac{4}{3}$

注意 次の **49** の公式 $\log_a a^r = r$ を用いれば，(1) $\log_5 125 = \log_5 5^3 = 3$ と簡単に計算できる。本来ならこの計算で値を求めればよいのだが，指数と対数の変換公式に慣れるためにこの **48** の学習がある。

49 対数の計算(1)

考え方 対数の値は，$\log_a a^r = r$ によって，基本的には求めることができる。したがって真数の部分を底の累乗で表現すればよい。

また，$\log_a M + \log_a N = \log_a MN$ は，対数の和は真数の積の対数になり，$\log_a M - \log_a N = \log_a \dfrac{M}{N}$ は，対数の差は真数の商の対数になると覚えておこう。

練習 82

(1) $\log_2 4 = \log_2 2^2 = 2$　　←$\log_a a^r = r$

(2) $\log_3 \dfrac{1}{3} = \log_3 3^{-1} = -1$ ←真数の部分を底と同じ 3 の累乗にする

(3) $\log_3 27 = \log_3 3^3 = 3$ ←底の数は 3 だから $27 = 3^3$ とする

(4) $\log_4 1 = \log_4 4^0 = 0$　　←$\log_a 1 = \log_a a^0$

問 **49** (1) $\log_6 3 + \log_6 2 = \log_6 (3 \times 2) = \log_6 6 = 1$

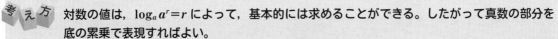

←$\log_a M + \log_a N = \log_a MN$,　　$\log_a a^1 = 1$

(2) $\log_2 3 - \log_2 12 = \log_2 \dfrac{3}{12} = \log_2 \dfrac{1}{4} = \log_2 2^{-2} = -2$　　←$\log_a M - \log_a N = \log_a \dfrac{M}{N}$

練習 83

(1) $\log_{12} 6 + \log_{12} 2 = \log_{12} (6 \times 2) = \log_{12} 12 = 1$

(2) $\log_3 12 - \log_3 4 = \log_3 \dfrac{12}{4} = \log_3 3 = 1$

(3) $\log_4 32 + \log_4 8 = \log_4 (32 \times 8)$

$= \log_4 4^4 = 4$

(4) $\log_2 144 - \log_2 18 = \log_2 \dfrac{144}{18} = \log_2 8 = \log_2 2^3 = 3$

(5) $\log_3 \sqrt{12} - \log_3 2 = \log_3 \dfrac{\sqrt{12}}{2} = \log_3 \dfrac{2\sqrt{3}}{2}$

$= \log_3 \sqrt{3} = \log_3 3^{\frac{1}{2}} = \dfrac{1}{2}$

(6) $\log_5 \sqrt{20} + \log_5 \dfrac{1}{2} = \log_5 \left(\sqrt{20} \times \dfrac{1}{2}\right) = \log_5 \left(2\sqrt{5} \times \dfrac{1}{2}\right)$

$= \log_5 \sqrt{5} = \log_5 5^{\frac{1}{2}} = \dfrac{1}{2}$

50 対数の計算(2)

考え方 底 a が同じであれば，3 つの公式 (i) $\log_a M + \log_a N = \log_a MN$　(ii) $\log_a M - \log_a N = \log_a \dfrac{M}{N}$

(iii) $r \log_a M = \log_a M^r$ を用いる。

一方，底が等しくない場合は，底の変換公式　$\log_a b = \dfrac{\log_c b}{\log_c a}$ を用いて底の統一をはかる。

問 **50** (1) $\log_3 15 - 2 \log_3 5 + \log_3 45 = \log_3 15 - \log_3 5^2 + \log_3 45$　　←$r \log_a M = \log_a M^r$

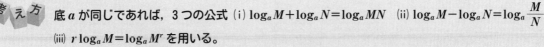

$$= \log_3 \frac{\overset{3}{\cancel{15}} \times \overset{9}{\cancel{45}}}{5^2} = \log_3 27 = \log_3 3^3 = 3 \qquad \leftarrow \log_3 15 + \log_3 45 - \log_3 5^2 = \log_3(15 \times 45) - \log_3 5^2 = \log_3 \frac{15 \times 45}{5^2}$$

(2)　$\log_6 27 \times \log_3 6 = \dfrac{\log_3 27}{\log_3 6} \times \cancel{\log_3 6} = \log_3 27 = \log_3 3^3 = 3 \qquad \leftarrow$ 底の統一をはかる

練習84　(1)　$2\log_2 \sqrt{10} - \log_2 5$

$= \log_2(\sqrt{10})^2 - \log_2 5 = \log_2 \dfrac{10}{5} = \log_2 2 = 1$

(2)　$\log_5 45 + 2\log_5 \dfrac{1}{3} = \log_5 45 + \log_5\left(\dfrac{1}{3}\right)^2$

$= \log_5\left(45 \times \dfrac{1}{9}\right) = \log_5 5 = 1$

(3)　$4\log_5 3 - 2\log_5 15 - \log_5 45$

$= \log_5 3^4 - \log_5 15^2 - \log_5 45$

$= \log_5 \dfrac{3^{\cancel{4}}}{\underset{5^2}{\cancel{15^2}} \times \underset{5}{\cancel{45}}} \qquad \leftarrow$ 公式(i), (ii)を一度に用いた

$= \log_5 \dfrac{1}{5^3} = \log_5 5^{-3} = -3$

(4)　$\log_2 10 - \log_4 25 = \log_2 10 - \dfrac{\log_2 25}{\log_2 4} \qquad \leftarrow \log_2 4 = 2$

$= \log_2 10 - \dfrac{1}{2}\log_2 25 = \log_2 10 - \log_2 (5^2)^{\frac{1}{2}}$

$= \log_2 10 - \log_2 5 = \log_2 \dfrac{10}{5} = \log_2 2 = 1$

51 対数関数のグラフ

考え方　① 対数関数 $y = \log_a x$ のグラフは点 $(1,\ 0)$ を通り，y 軸を漸近線とし，$a > 1$ のとき右上り，$0 < a < 1$ のとき右下り。

② $0 < p < q$ のとき，$\log_a p < \log_a q$ か $\log_a p > \log_a q$ になるかは底 a が 1 より大きいか小さいかで定まる。対数の大小比較の問題は，まず底をそろえよう。

問51

(1)　$y = \log_{\frac{1}{3}} x$ のグラフは点 $(1,\ 0)$ を通り，y 軸を

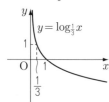

漸近線とする右下りの曲線でグラフは左の図のようになる。

$\leftarrow$ 底 $\dfrac{1}{3} < 1$ より，右下り

$\leftarrow$ 点 $\left(\dfrac{1}{3},\ 1\right)$ を通る

(2)　$3\log_{\frac{1}{3}} 2 = \log_{\frac{1}{3}} 2^3 \qquad \leftarrow r\log_a M = \log_a M^r$

$\qquad = \log_{\frac{1}{3}} 8$

底 $\dfrac{1}{3} < 1$ より，

$\qquad \log_{\frac{1}{3}} 8 < \log_{\frac{1}{3}} 7 \qquad \leftarrow 0 < a < 1$ のとき，$x > y \Longleftrightarrow \log_a x < \log_a y$

よって，$3\log_{\frac{1}{3}} 2 < \log_{\frac{1}{3}} 7$

練習85

(1)　$y = \log_{\frac{1}{5}} x$ のグラフは点 $(1,\ 0)$ を通り，y 軸を

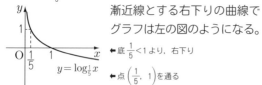

漸近線とする右下りの曲線でグラフは左の図のようになる。

$\leftarrow$ 底 $\dfrac{1}{5} < 1$ より，右下り

$\leftarrow$ 点 $\left(\dfrac{1}{5},\ 1\right)$ を通る

(2)　$y = \log_5 x$ のグラフは点 $(1,\ 0)$ を通り，y 軸を

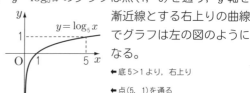

漸近線とする右上りの曲線でグラフは左の図のようになる。

$\leftarrow$ 底 $5 > 1$ より，右上り

$\leftarrow$ 点 $(5,\ 1)$ を通る

練習86

(1)　$3\log_{0.1} 2 = \log_{0.1} 2^3 = \log_{0.1} 8$，　$2\log_{0.1} 3 = \log_{0.1} 3^2 = \log_{0.1} 9$

底 $0.1 < 1$ より，$\log_{0.1} 8 > \log_{0.1} 9 \qquad \leftarrow 0 < a < 1$ のとき，$x < y \Longleftrightarrow \log_a x > \log_a y$

よって，$3\log_{0.1} 2 > 2\log_{0.1} 3$

(2)　$\dfrac{1}{2}\log_2 5 = \log_2 5^{\frac{1}{2}} = \log_2 \sqrt{5}$，　$1 = \log_2 2 \qquad \leftarrow r\log_a M = \log_a M^r,\ \log_a a = 1$

底 $2 > 1$ より，$\log_2 \sqrt{5} > \log_2 2 \qquad \leftarrow a > 1$ のとき，$x > y \Longleftrightarrow \log_a x > \log_a y$

よって，$\dfrac{1}{2}\log_2 5 > 1$

52. 対数方程式，対数不等式

> 考え方　対数方程式，対数不等式を解くには，まず真数条件を考える。真数条件とは真数が正であるための条件である。次に，両辺の底をそろえ，真数のみの式から，未知数 x の値や範囲を求める。そして，最初の真数条件が満たされるかのチェックをする。

問52　(1)　真数は正であるから，$5-x>0$　よって，$-x>-5$　$x<5$　…①　←まず，真数条件

このとき，$\log_2(5-x)=\log_2 2^3$　←$3=3\log_2 2=\log_2 2^3$ 底を 2 にそろえる

よって，$5-x=8$　$x=-3$　←直接，定義より　$\log_2(5-x)=3 \iff 5-x=2^3$ でもよい

これは①を満たすので，$\boldsymbol{x=-3}$　←真数条件のチェック

(2)　真数は正であるから，$x-2>0$　よって，$x>2$　…①　←まず，真数条件

また，$\log_3(x-2)<\log_3 3^2$　←$\log_3 3=1$ より，$2=2\log_3 3$

底 $3>1$ より，$x-2<9$　よって，$x<11$　…②　←$a>1$ のとき，$\log_a x<\log_a y \iff x<y$

①，②より，$\boldsymbol{2<x<11}$　←真数条件のチェック

練習87　(1)　真数は正であるから，

$2x-5>0$　←真数条件

よって，$x>\dfrac{5}{2}$　…①

$\log_3(2x-5)=\log_3 3^2$　←$2=\log_3 3^2$

よって，$2x-5=9$

$2x=14$　$x=7$

これは①を満たすので　$\boldsymbol{x=7}$　←真数条件をチェック

(3)　真数は正であるから，$5x-1>0$　←真数条件

よって，$x>\dfrac{1}{5}$　…①

また，$\log_{\frac{1}{2}}(5x-1)>\log_{\frac{1}{2}}\left(\dfrac{1}{2}\right)^{-1}$

↑$\log_{\frac{1}{2}}\left(\dfrac{1}{2}\right)^{-1}=\log_{\frac{1}{2}}2$

底 $\dfrac{1}{2}<1$ より，$5x-1<2$　←$0<a<1$ のとき，$\log_a x>\log_a y \iff x<y$

よって，$x<\dfrac{3}{5}$　…②

①，②より，$\boldsymbol{\dfrac{1}{5}<x<\dfrac{3}{5}}$　←真数条件との共通部分

(2)　真数は正であるから，

$x+1>0$ かつ $x-2>0$

よって，$x>2$　…①　←共通部分は $x>2$

$\log_4(x+1)(x-2)=\log_4 4$　←$\log_a M+\log_a N=\log_a MN$

よって，$(x+1)(x-2)=4$　$x^2-x-2=4$

$x^2-x-6=0$　$(x-3)(x+2)=0$

$x=3,\ -2$

①を満たすのは　$\boldsymbol{x=3}$　←真数条件をチェック

(4)　真数は正であるから，$x-3>0$ かつ $x-5>0$

よって，$x>5$　…①　←共通部分は $x>5$

また，$\log_3(x-3)+\log_3(x-5)<1$

$\log_3(x-3)(x-5)<\log_3 3$　←$\log_a M+\log_a N=\log_a MN$

底 $3>1$ より，

$(x-3)(x-5)<3$　←$a>1$ のとき，$\log_a x<\log_a y \iff x<y$

$x^2-8x+15<3$

$x^2-8x+12<0$

$(x-6)(x-2)<0$

よって，$2<x<6$　…②

①，②より，$\boldsymbol{5<x<6}$

53. 常用対数(1)

> 考え方　底が 10 である対数が常用対数である。したがって真数が 10^n であれば，簡単になる。

問53

(1)　7.0 の行と 8 の列の交わる部分の数 .8500　←$\log_{10}7.08=0.8500$

（＝0.8500）が 7.08 の常用対数であるから,

$\log_{10} 7080 = \log_{10}(7.08 \times 1000)$ ← 小数点が左に 3 つ移動

$\qquad = \log_{10} 7.08 + \log_{10} 1000$ ← $\log_{10} MN = \log_{10} M + \log_{10} N$

$\qquad = 0.8500 + 3 = \mathbf{3.8500}$ ← $1000 = 10^3$

(2)　$\log_{10} 0.0708 = \log_{10}\left(7.08 \times \dfrac{1}{100}\right)$ ← 小数点が右に 2 つ移動

$\qquad = \log_{10} 7.08 + \log_{10} \dfrac{1}{100}$ ← $\dfrac{1}{100} = 10^{-2}$

$\qquad = 0.8500 - 2 = \mathbf{-1.1500}$

注意　常用対数表から求めた $\log_{10} 7.08 = 0.8500$ は正確な値ではなく, 小数第 5 位以下を四捨五入した値である。したがって解答も末尾に 00 をつけて答えることが多い。

練習 88 ▶　(1)　$\log_{10} 23.5 = \log_{10}(2.35 \times 10)$

$= \log_{10} 2.35 + \log_{10} 10$

$= 0.3711 + 1 = \mathbf{1.3711}$

(2)　$\log_{10} 0.235 = \log_{10}\left(2.35 \times \dfrac{1}{10}\right)$

$= \log_{10} 2.35 + \log_{10} \dfrac{1}{10} = 0.3711 - 1 = \mathbf{-0.6289}$

練習 89 ▶　(1)　$\log_{10} 5 = \log_{10} \dfrac{10}{2}$ ← $5 = \dfrac{10}{2}$

$= \log_{10} 10 - \log_{10} 2$

$= 1 - 0.3010 = \mathbf{0.6990}$

(2)　$\log_{10} 6 = \log_{10}(2 \times 3)$

$= \log_{10} 2 + \log_{10} 3$

$= 0.3010 + 0.4771 = \mathbf{0.7781}$

54. 常用対数 (2)

考え方　正の数 N が n 桁の数であるとき $10^{n-1} \le N < 10^n$ であり, 常用対数をとると, $n-1 \le \log_{10} N < n$ したがって, $\log_{10} N$ の整数部分に 1 を加えた数が桁数である。

問 54　(1)　$\log_{10} 3^{50} = 50 \log_{10} 3 = 50 \times 0.4771 = 23.855$ ← $\log_a M^r = r \log_a M$

よって, $3^{50} = 10^{23.855}$ ← $\log_{10} 3^{50} = 23.855 \iff 3^{50} = 10^{23.855}$

$10^{23} < 3^{50} < 10^{24}$ ← 底 $10 > 1$ かつ $23 < 23.855 < 24$

したがって, 3^{50} は **24 桁の数**である。

(2)　$\log_{10}\left(\dfrac{1}{3}\right)^{20} = 20 \log_{10} \dfrac{1}{3} = 20 \log_{10} 3^{-1} = -20 \log_{10} 3$

$\qquad = -20 \times 0.4771 = -9.542$

よって, $\left(\dfrac{1}{3}\right)^{20} = 10^{-9.542}$ より, $10^{-10} < \left(\dfrac{1}{3}\right)^{20} < 10^{-9}$ ← $10^{-10} < 10^{-9.542} < 10^{-9}$

ゆえに, **小数第 10 位**に初めて 0 でない数が現れる。

練習 90 ▶　(1)　$\log_{10} 6^{30} = 30 \log_{10} 6$

$= 30(\log_{10} 2 + \log_{10} 3)$

$= 30 \times (0.3010 + 0.4771)$

$= 30 \times 0.7781$

$= 23.343$

よって, $6^{30} = 10^{23.343}$

$10^{23} < 6^{30} < 10^{24}$ ← 底 $10 > 1$ かつ $23 < 23.343 < 24$

したがって, 6^{30} は **24 桁の数**である。

(2)　$\log_{10}\left(\dfrac{2}{3}\right)^{40} = 40 \log_{10} \dfrac{2}{3} = 40(\log_{10} 2 - \log_{10} 3)$

$= 40(0.3010 - 0.4771)$

$= 40 \times (-0.1761) = -7.044$

よって, $\left(\dfrac{2}{3}\right)^{40} = 10^{-7.044}$ より,

$10^{-8} < \left(\dfrac{2}{3}\right)^{40} < 10^{-7}$ ← $10^{-8} < 10^{-7.044} < 10^{-7}$

ゆえに, **小数第 8 位**に初めて 0 でない数が現れる。

55 平均変化率と微分係数

考え方 $x=a$ から $x=b$ まで変化するときの関数 $f(x)$ の平均変化率は $\dfrac{f(b)-f(a)}{b-a}$

関数 $f(x)$ の $x=a$ での微分係数は $f'(a)=\lim\limits_{h\to 0}\dfrac{f(a+h)-f(a)}{h}$

定義をしっかり覚えること。

問 55 (1) $\dfrac{f(2)-f(1)}{2-1}=\dfrac{(-2\cdot 2)-(-2\cdot 1)}{1}=\boldsymbol{-2}$

(2) $f'(1)=\lim\limits_{h\to 0}\dfrac{f(1+h)-f(1)}{h}$

$=\lim\limits_{h\to 0}\dfrac{-2\cdot(1+h)-(-2\cdot 1)}{h}$

$=\lim\limits_{h\to 0}\dfrac{-2h}{h}=\lim\limits_{h\to 0}(-2)=\boldsymbol{-2}$

練習 91 (1) $\dfrac{f(1+h)-f(1)}{(1+h)-1}=\dfrac{\{(1+h)^2-(1+h)\}-(1^2-1)}{h}$

$=\dfrac{(1+2h+h^2)-1-h}{h}=\dfrac{h+h^2}{h}=\dfrac{h(1+h)}{h}=\boldsymbol{1+h}$

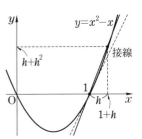

(2) (1)の結果から,

$f'(1)=\lim\limits_{h\to 0}\dfrac{f(1+h)-f(1)}{h}=\lim\limits_{h\to 0}(1+h)=\boldsymbol{1}$

← 微分係数 $f'(1)$ は 1 から $1+h$ までの平均変化率を求め, h を 0 に限りなく近づけたときの値
グラフで考えると $x=1$ での接線の傾きになる

56 導関数 (1)

考え方 関数 $f(x)$ の導関数 $f'(x)$ の定義は $f'(x)=\lim\limits_{h\to 0}\dfrac{f(x+h)-f(x)}{h}$ (微分係数 $f'(a)$ において $a=x$ としたもの) であるが, 一般には (定義にしたがってと指示がなければ) 公式 $(x^n)'=nx^{n-1}$ を用いく求めればよい。

問 56 (1) $f'(x)=\lim\limits_{h\to 0}\dfrac{f(x+h)-f(x)}{h}$

$=\lim\limits_{h\to 0}\dfrac{\{(x+h)+2\}-(x+2)}{h}$

$=\lim\limits_{h\to 0}\dfrac{h}{h}=\lim\limits_{h\to 0}1=\boldsymbol{1}$

(2) $y'=4\cdot 2x-1=\boldsymbol{8x-1}$　　　← $(4x^2)'=4\cdot(x^2)'=4\cdot 2x,\ (-x)'=-(x)'=-1,\ (2)'=0$

練習 92 (1) $y'=\boldsymbol{-3}$　← $(-3x)'=-3,\ (5)'=0$　　(2) $y'=\boldsymbol{7}$　← $(7x)'=7,\ (4)'=0$

(3) $y'=\boldsymbol{2x-3}$　　　　　　　　　　　　(4) $y'=\dfrac{1}{2}\cdot 2x+8=\boldsymbol{x+8}$

(5) $y'=2\cdot 3x^2+4\cdot 2x-1=\boldsymbol{6x^2+8x-1}$　← $(x^3)'=3x^2$　(6) $y'=\dfrac{1}{3}\cdot 3x^2-\dfrac{1}{2}\cdot 2x+1=\boldsymbol{x^2-x+1}$

導関数(2)

> 考え方 関数の和・差・実数倍の導関数は，それぞれの導関数の和・差・実数倍になる。
> 積については成り立たないので，展開してから求める。
> 微分係数 $f'(a)$ を求めるには，公式によって導関数 $f'(x)$ を求め $x=a$ を代入する。

問57 $f(x)=2x^2+3x-2$ から，　　　　　　　　　　　　　　←まず，展開する

$f'(x)=2\cdot2x+3\cdot1-0=4x+3$ 　←$(2x^2)'=2(x^2)'=2\cdot2x$ 　$(3x)'=3(x)'=3\cdot1$ 　$(2)'=0$

$f'(3)=4\cdot3+3=$**15**

練習93 (1) $f'(x)=2x+4$ 　　　　　　　　　(2) $f'(x)=-6x+4$

$f'(3)=2\cdot3+4=6+4=$**10** 　　　　　　　$f'(-2)=-6\cdot(-2)+4=12+4=$**16**

(3) $f'(x)=-6x^2+4x+3$ 　　　　　　　(4) $f(x)=3x^3+3x^2-2x-2$ 　←まずは展開

$f'(2)=-6\cdot2^2+4\cdot2+3=-24+8+3=$**-13** 　　$f'(x)=9x^2+6x-2$

　　　　　　　　　　　　　　　　　　　　$f'(3)=9\cdot3^2+6\cdot3-2=81+18-2=$**97**

練習94 $f(x)=ax^2+bx+7$ より，$f'(x)=2ax+b$ であるから，

$f'(0)=b$，$f'(-2)=-4a+b$ 　　　　　　　　　←$f'(x)$ に $x=0$，-2 を代入する

よって，条件より $b=-2$，$-4a+b=10$ 　　　　←条件は $f'(0)=-2$，$f'(-2)=10$

ゆえに，$-4a-2=10$ 　$a=-3$

したがって，**$a=-3$，$b=-2$**

接線の方程式

> 考え方 微分係数 $f'(a)$ は $y=f(x)$ の $x=a$ における接線の傾きを示している。したがって接線の方程式は $y-f(a)=f'(a)(x-a)$ である。

問58 (1) $f(x)=-x^2+1$ とおくと，$f'(x)=-2x$ より，

接線の傾きは，$f'(-1)=-2\cdot(-1)=2$ である。　　　←$f'(x)$ に $x=-1$ を代入する

よって，接線の方程式は，$y-0=2\{x-(-1)\}$ 　　　←$y-y_1=m(x-x_1)$

　　　　　　　　　$y=2x+2$

(2) 接点の座標を $(t,\ -t^2+1)$ とすると，接線の方程式は　　←接点の x 座標を t とすると，y 座標は，$f(t)=-t^2+1$

$y-(-t^2+1)=-2t(x-t)$ 　$y+t^2-1=-2tx+2t^2$ 　　←$x=t$ における接線の傾きは，$f'(t)=-2t$

$y=-2tx+t^2+1$ 　…①

これが点$(1,\ 1)$を通るから，　　　　　　　　　　　←$y=f(x)$のグラフ上の点$(t,\ f(t))$における接線の方程式を求め，その接線が点$(1,\ 1)$を通ることから t の値が求められる

$1=-2t+t^2+1$ 　$t^2-2t=0$ 　$t(t-2)=0$

$t=0,\ 2$

①より，$t=0$ のとき，**$y=1$** 　$t=2$ のとき，**$y=-4x+5$**

練習95 (1) $f(2)=2^3=8$ だから，　←まず，接点の座標を求める 　　　(2) $f(-1)=(-1)^2+4\cdot(-1)=1-4=-3$ だから，

接点は $(2,\ 8)$ である。　　　　　　　　　　　　　接点は $(-1,\ -3)$ である。

$f'(x)-3x^2$ より，$f'(2)=3\cdot2^2=12$ 　　　　　　　$f'(x)=2x+4$ より，$f'(-1)=-2+4=2$

よって，接線の傾きは 12 である。　　　　　　　　よって，接線の傾きは 2 である。

$y-8=12(x-2)$ 　　**$y=12x-16$** 　　　　　　　　$y+3=2(x+1)$ 　　**$y=2x-1$**

練習96 $f(x)=x^3$ とおくと，$f'(x)=3x^2$

接点の座標を $(t,\ t^3)$ とすると，接線の方程式は　　　←接点の x 座標を t とすると，y 座標は $f(t)=t^3$

$y-t^3=3t^2(x-t)$ 　　$y=3t^2x-2t^3$ 　…① 　　　←$x=t$ における接線の傾きは，$f'(t)$

これが点$(1,\ 5)$を通るから，

$5=3t^2-2t^3$ 　$2t^3-3t^2+5=0$ 　　　　　　　　　←①に $x=1$，$y=5$ を代入

$g(t)=2t^3-3t^2+5$ とおくと，$g(-1)=0$ より
$g(t)$ は $t+1$ で割り切れるから
$g(t)=(t+1)(2t^2-5t+5)$
よって，$g(t)=0$ とすると，
　$2t^2-5t+5=0$ は実数解をもたないから
　$t=-1$
①より，接線の方程式は，$y=3x+2$

$$2t^2-5t+5$$
$$t+1\overline{)2t^3-3t^2+5}$$
$$\underline{2t^3+2t^2}$$
$$-5t^2$$
$$\underline{-5t^2-5t}$$
$$5t+5$$
$$\underline{5t+5}$$
$$0$$

← 因数定理 $g(\alpha)=0 \iff g(t)$ は $t-\alpha$ で割り切れる

← $2t^2-5t+5=0$ の解は
$t=\dfrac{5\pm\sqrt{25-40}}{4}=\dfrac{5\pm\sqrt{15}\,i}{4}$（虚数解）
（判別式 $D=25-40=-15<0$ を示してもよい）

59 関数の増加・減少

考え方 関数の増加・減少を調べるには $f'(x)$ の符号を見ればよい。$f'(x)>0$ なら増加，$f'(x)<0$ ならば減少である。したがって，まず，関数を微分して，符号の変わり目・$f'(x)=0$ を解き，それをもとにして増減表をかくとよい。

問 59 $y'=3x^2-6x=3x(x-2)$
$y'=0$ とすると，$x=0$，2
増減表は右のようになる。
よって，
$x\leq 0$，$2\leq x$ のとき，増加，
$0\leq x\leq 2$ のとき，減少。

x	$\cdots$	0	$\cdots$	2	$\cdots$
y'	$+$	0	$-$	0	$+$
y	↗	0	↘	-4	↗

← まず，y' を求める。$y'=0$ を解くために因数分解する
← $y'=3x(x-2)$ のグラフは である
← $x=0$ のとき $y=0^3-3\cdot 0^2=0$
　$x=2$ のとき $y=2^3-3\cdot 2^2=8-12=-4$

練習 97

(1) $y'=2x-4=2(x-2)$
　$y'=0$ とすると，$x=2$
　増減表は以下のようになる。

x	$\cdots$	2	$\cdots$
y'	$-$	0	$+$
y	↘	-1	↗

← $y'=2x-4$
← $x=2$ のとき，
　$y=2^2-4\cdot 2+3$
　$=4-8+3=-1$

　よって，
　　$x\leq 2$ のとき減少，$2\leq x$ のとき増加。

(2) $y'=-4x+4=-4(x-1)$
　$y'=0$ とすると，$x=1$
　増減表は以下のようになる。

x	$\cdots$	1	$\cdots$
y'	$+$	0	$-$
y	↗	3	↘

← $y'=-4x+4$
← $x=1$ のとき，
　$y=-2\cdot 1^2+4\cdot 1+1=3$

　よって，
　　$x\leq 1$ のとき増加，$1\leq x$ のとき減少。

(3) $y'=3x^2-6=3(x^2-2)=3(x+\sqrt{2})(x-\sqrt{2})$
　$y'=0$ とすると，$x=-\sqrt{2}$，$\sqrt{2}$
　増減表は以下のようになる。

x	$\cdots$	$-\sqrt{2}$	$\cdots$	$\sqrt{2}$	$\cdots$
y'	$+$	0	$-$	0	$+$
y	↗	$4\sqrt{2}$	↘	$-4\sqrt{2}$	↗

← y' は
← $x=-\sqrt{2}$ のとき，
　$y=(-\sqrt{2})^3-6\cdot(-\sqrt{2})$
　$=4\sqrt{2}$

　よって，$x\leq -\sqrt{2}$，$\sqrt{2}\leq x$ のとき増加，
　　　　$-\sqrt{2}\leq x\leq \sqrt{2}$ のとき減少。

(4) $y'=-3x^2-12x-9=-3(x^2+4x+3)=-3(x+3)(x+1)$
　$y'=0$ とすると，$x=-3$，-1
　増減表は以下のようになる。

x	$\cdots$	-3	$\cdots$	-1	$\cdots$
y'	$-$	0	$+$	0	$-$
y	↘	0	↗	4	↘

← y' は
← $x=-3$ のとき，
　$y=-(-3)^3-6\cdot(-3)^2-9\cdot(-3)$
　$=27-54+27=0$

　よって，$x\leq -3$，$-1\leq x$ のとき減少，
　　　　$-3\leq x\leq -1$ のとき増加。

注意 ここで扱う関数では端点（$x=a$）を含めて区間（$a\leq x$ 等）で増加・減少であるとしてもよい。

60 関数の極大値・極小値

考え方 関数の極大・極小を調べるには，$f'(x)$ の符号が変わる点について調べればよい。したがって，関数の増加・減少を調べるときと同様に，増減表をかくことが大切である。その増減表から，極大・極小を判断すればよい。

問 60 $y'=3x^2-3=3(x^2-1)=3(x+1)(x-1)$　　$y'=0$ とすると，$x=-1$，1

増減表は以下のようになる。

x	$\cdots$	-1	$\cdots$	1	$\cdots$
y'	$+$	0	$-$	0	$+$
y	↗	4	↘	0	↗

$x=-1$ のとき，**極大値 4**

$x=1$ のとき，　**極小値 0**

グラフは右の図のようになる。

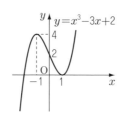

←$y'=3(x^2-1)$ のグラフは

←$x=-1$ のとき，$y=(-1)^3-3\cdot(-1)+2=-1+3+2=4$

←$x=1$ のとき，$y=1^3-3\cdot1+2=1-3+2=0$

←y 軸との交点は $x=0$ とすれば求まる

←（答）$\begin{cases} 極大値 4 (x=-1 のとき) \\ 極小値 0 (x=1 のとき) \end{cases}$ とかいてもよい

 $y'=-3x^2+3=-3(x^2-1)=-3(x+1)(x-1)$

$y'=0$ とすると，$x=-1$，1

増減表は以下のようになる。

x	$\cdots$	-1	$\cdots$	1	$\cdots$
y'	$-$	0	$+$	0	$-$
y	↘	-5	↗	-1	↘

$x=-1$ のとき，**極小値 -5**

$x=1$ のとき，　**極大値 -1**

グラフは右の図のようになる。

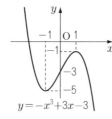

$y=-x^3+3x-3$

←$x=-1$ のとき $y=-(-1)^3+3\cdot(-1)-3=1-3-3=-5$

←$x=1$ のとき $y=-1^3+3\cdot1-3=-1+3-3=-1$

←$x=0$ のときが y 軸との交点である

61 関数の最大値・最小値

考え方 最大値・最小値を調べるには，増減表をかくとよい。このとき，x の値は $y'=0$ を満たす値と端点を記入すればよい。

問 61 $y'=3x^2-6x=3x(x-2)$　　$y'=0$ とすると，$x=0$，2

このとき，増減表は以下のようになる。

x	-2	$\cdots$	0	$\cdots$	2	$\cdots$	3
y'		$+$	0	$-$	0	$+$	
y	-15	↗	5	↘	1	↗	5

←$x=-2$ のとき，$y=(-2)^3-3\cdot(-2)^2+5=-8-12+5=-15$

←$x=0$ のとき，$y=5$，$x=2$ のとき　$y=2^3-3\cdot2^2+5=8-12+5=1$

←$x=3$ のとき，$y=3^3-3\cdot3^2+5=27-27+5=5$

よって，$x=0$，3 のとき，**最大値 5**

　　　　$x=-2$ のとき，　**最小値 -15**

←$\begin{cases} 最大値 5 (x=0, 3 のとき) \\ 最小値 -15 (x=-2 のとき) \end{cases}$ とかいてもよい

 $y'=3x^2-3=3(x^2-1)=3(x+1)(x-1)$　　$y'=0$ とすると，$x=-1$，1

このとき，増減表は，以下のようになる。

x	-3	$\cdots$	-1	$\cdots$	1	$\cdots$	3
y'		$+$	0	$-$	0	$+$	
y	-18	↗	2	↘	-2	↗	18

←$x=-3$ のとき，$y=(-3)^3-3\cdot(-3)=-27+9=-18$

←$x=-1$ のとき，$y=(-1)^3-3\cdot(-1)=-1+3=2$

←$x=1$ のとき，$y=1^3-3\cdot1=1-3=-2$

←$x=3$ のとき，$y=3^3-3\cdot3=27-9=18$

ちなみにグラフをかくと→

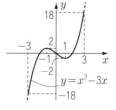

$y=x^3-3x$

よって，$x=3$ のとき，**最大値 18**，$x=-3$ のとき，**最小値 -18**

62 方程式・不等式への応用

考え方 ① 方程式 $f(x)=0$ の実数解は，$y=f(x)$ のグラフと x 軸との共有点の x 座標であるから，実数解の個数は，グラフをかいて x 軸との共有点の個数を調べればよい。

② $f(x)>0$ の証明は，$f(x)$ の増減表をかいて，（最小値）>0 を示せばよい。

問 62　（1）　$f(x)=2x^3-3x^2+1$ とおくと，

　　　　$f'(x)=6x^2-6x=6x(x-1)$

←方程式 $f(x)=0$ の実数解の個数

　⟺ $y=f(x)$ のグラフと x 軸との共有点の個数

$f'(x)=0$ とすると，$x=0$，1 で増減表は以下のようになる。

x	$\cdots$	0	$\cdots$	1	$\cdots$
$f'(x)$	+	0	−	0	+
$f(x)$	↗	1	↘	0	↗

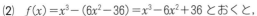

よって，$y=f(x)$ のグラフは右の図のようになり，
グラフと x 軸の共有点は 2 個である。
　ゆえに，方程式の異なる実数解の個数は**2個**である。

(2)　$f(x)=x^3-(6x^2-36)=x^3-6x^2+36$ とおくと，
　　$f'(x)=3x^2-12x=3x(x-4)$

$\leftarrow f'(x)=0$ とすると $x=0$，4

　よって，$x\geqq0$ のとき，増減表は以下のようになる。

x	0	$\cdots$	4	$\cdots$
$f'(x)$	0	−	0	+
$f(x)$	36	↘	4	↗

$\leftarrow f(4)=4^3-6\cdot4^2+36=64-96+36=4$

　よって，$x\geqq0$ のとき，$f(x)$ の最小値は 4 である。
　ゆえに，$x\geqq0$ のとき，$f(x)\geqq4>0$ であるから，
$x^3>6x^2-36$ が成り立つ。

練習100　(1)　$f(x)=2x^3+3x^2-12x-15$ とおくと，
　　　　$f'(x)=6x^2+6x-12=6(x^2+x-2)=6(x+2)(x-1)$
$f'(x)=0$ とすると，$x=-2$，1 で増減表は以下のようになる。

x	$\cdots$	-2	$\cdots$	1	$\cdots$
$f'(x)$	+	0	−	0	+
$f(x)$	↗	5	↘	-22	↗

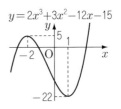

　よって，$y=f(x)$ のグラフは右の図のようになり，
グラフと x 軸は 3 点で交わる。
　ゆえに，方程式の異なる実数解の個数は**3個**である。

(2)　$f(x)=x^3-6x^2+32$ とおくと，
　　　$f'(x)=3x^2-12x=3x(x-4)$
$f'(x)=0$ とすると，$x=0$，4 で増減表は以下のようになる。

x	$\cdots$	0	$\cdots$	4	$\cdots$
$f'(x)$	+	0	−	0	+
$f(x)$	↗	32	↘	0	↗

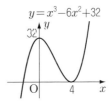

　よって，$y=f(x)$ のグラフは右の図のようになり，グラフと x 軸の共有点は 2 個である。
　ゆえに，方程式の異なる実数解の個数は**2個**である。

練習101　$f(x)=2x^3-x^2-4x+3$ とおくと，
$\leftarrow$ 3次不等式 $f(x)\geqq0$ について 3 次関数 $y=f(x)$ の最小値で考える
　　　$f'(x)=6x^2-2x-4=2(3x^2-x-2)=2(3x+2)(x-1)$
よって，$x\geqq0$ のとき，増減表は以下のようになる。

x	0	$\cdots$	1	$\cdots$
$f'(x)$		−	0	+
$f(x)$	3	↘	0	↗

　よって，$x\geqq0$ のとき，$f(x)$ の最小値は 0 である。
　ゆえに，$x\geqq0$ のとき，$f(x)\geqq0$ であるから，$2x^3-x^2-4x+3\geqq0$

練習102　$f(x)=x^3-3x^2$ とおくと，$f'(x)=3x^2-6x=3x(x-2)$
$\leftarrow f(x)=a$ の異なる実数解の個数は $y=f(x)$ のグラフと直線 $y=a$ の共有点の個数
　　まず，$y=f(x)$ のグラフを求める
$f'(x)=0$ とすると，$x=0$，2 で増減表は次のようになる。

x	$\cdots$	0	$\cdots$	2	$\cdots$
$f'(x)$	$+$	0	$-$	0	$+$
$f(x)$	$\nearrow$	0	$\searrow$	-4	$\nearrow$

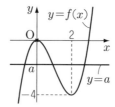

よって，$y=f(x)$ のグラフは右の図のようになる。
$f(x)=a$ の異なる実数解の個数は，$y=f(x)$ のグラフと直線 $y=a$ の共有点の個数と一致するから，

　$a<-4$，$0<a$ のとき 1 個，　$a=-4$，0 のとき 2 個，　$-4<a<0$ のとき 3 個

63 不定積分

考え方　公式 $\displaystyle\int x^n dx=\dfrac{1}{n+1}x^{n+1}+C$ をしっかりと覚えること。この公式により，各項を積分すればよい。また，積分定数 C は，最後に 1 つつければよい。

積分は微分の逆演算であるから，得られた答を微分することにより検算もできる。

問 63 (1) $\displaystyle\int(3x^2-4)\,dx=3\int x^2 dx-4\int 1\,dx=3\cdot\dfrac{1}{3}x^3-4\cdot x+C$ ← $\displaystyle\int x^n dx=\dfrac{1}{n+1}x^{n+1}+C$

$\qquad\qquad =x^3-4x+C$ （C は積分定数）

(2) $\displaystyle\int(2x+3)^2 dx=\int(4x^2+12x+9)\,dx$ ← 展開してから積分

$\quad=4\displaystyle\int x^2 dx+12\int x\,dx+9\int 1\,dx=4\cdot\dfrac{1}{3}x^3+12\cdot\dfrac{1}{2}x^2+9\cdot x+C$

$\quad=\dfrac{4}{3}x^3+6x^2+9x+C$ （C は積分定数）　←検算　$\left(\dfrac{4}{3}x^3+6x^2+9x+C\right)'=\dfrac{4}{3}\cdot3x^2+6\cdot2x+9=4x^2+12x+9$

練習103 （各問とも C は積分定数）

(1) $\displaystyle\int(6x-1)\,dx=6\cdot\dfrac{1}{2}x^2-x+C=\boldsymbol{3x^2-x+C}$　　(2) $\displaystyle\int(3x^2-2x+1)\,dx=3\cdot\dfrac{1}{3}x^3-2\cdot\dfrac{1}{2}x^2+x+C=\boldsymbol{x^3-x^2+x+C}$

(3) $\displaystyle\int(2x+3)(3x-5)\,dx=\int(6x^2-x-15)\,dx$　　(4) $\displaystyle\int(-6t^2+2t-5)\,dt=-6\cdot\dfrac{1}{3}t^3+2\cdot\dfrac{1}{2}t^2-5t+C$

$\quad=6\cdot\dfrac{1}{3}x^3-\dfrac{1}{2}x^2-15x+C=\boldsymbol{2x^3-\dfrac{1}{2}x^2-15x+C}$　　　　　　　$=\boldsymbol{-2t^3+t^2-5t+C}$

64 定積分

考え方　定積分を求めるには，$\displaystyle\int_a^b f(x)\,dx=\Big[F(x)\Big]_a^b=F(b)-F(a)$ による。この計算では不定積分 $F(x)$ に，積分定数は必要ない。また，実際の計算においては，例のように項別に数の代入を行うとよい。

問 64

(1) $\displaystyle\int_2^3(4x+1)\,dx=\Big[2x^2+x\Big]_2^3=2\Big[x^2\Big]_2^3+\Big[x\Big]_2^3=2(3^2-2^2)+(3-2)=2(9-4)+1=10+1=\boldsymbol{11}$

(2) $\displaystyle\int_{-2}^1(3x^2-4x+2)\,dx=\Big[x^3-2x^2+2x\Big]_{-2}^1=\Big[x^3\Big]_{-2}^1-2\Big[x^2\Big]_{-2}^1+2\Big[x\Big]_{-2}^1$ ← 項別に数の代入

$\quad=1^3-(-2)^3-2\{1^2-(-2)^2\}+2\{1-(-2)\}=1+8-2(1-4)+2\cdot3=9+6+6=\boldsymbol{21}$

練習104

(1) $\displaystyle\int_0^2(2x+5)\,dx=\Big[x^2+5x\Big]_0^2=\Big[x^2\Big]_0^2+5\Big[x\Big]_0^2$　　(2) $\displaystyle\int_2^3(6x^2-1)\,dx=\Big[2x^3-x\Big]_2^3=2\Big[x^3\Big]_2^3-\Big[x\Big]_2^3$

$\quad=2^2-0^2+5(2-0)=4+10=\boldsymbol{14}$　　　　　　　　　　$=2(3^3-2^3)-(3-2)=2(27-8)-1=38-1=\boldsymbol{37}$

(3) $\displaystyle\int_{-1}^{2}(3x^2+x-2)\,dx=\left[x^3+\dfrac{1}{2}x^2-2x\right]_{-1}^{2}$

$=\left[x^3\right]_{-1}^{2}+\dfrac{1}{2}\left[x^2\right]_{-1}^{2}-2\left[x\right]_{-1}^{2}$

$=2^3-(-1)^3+\dfrac{1}{2}\{2^2-(-1)^2\}-2\{2-(-1)\}$

$=8+1+\dfrac{1}{2}(4-1)-2\cdot3=9+\dfrac{3}{2}-6=\dfrac{9}{2}$

(4) $\displaystyle\int_{-1}^{3}(x^2+4x-3)\,dx+\int_{-1}^{3}(-x^2+3)\,dx$

$\displaystyle=\int_{-1}^{3}(x^2+4x-3-x^2+3)\,dx=\int_{-1}^{3}4x\,dx$

$=\left[2x^2\right]_{-1}^{3}=2\{3^2-(-1)^2\}=2(9-1)=\mathbf{16}$

注意　(4)において，積分区間が同じであるので $\displaystyle\int_{a}^{b}f(x)\,dx+\int_{a}^{b}g(x)\,dx=\int_{a}^{b}\{f(x)+g(x)\}\,dx$ を用いた。

65 定積分の性質

考え方　公式は積分区間より，次のように考えるとよい。

$\displaystyle\int_{a}^{a}f(x)\,dx=0$ は上端と下端が同じであるから積分しないのと同じ。したがって値は 0 である。

$\displaystyle\int_{a}^{b}f(x)\,dx=-\int_{b}^{a}f(x)\,dx$ は a から b を逆の b から a に変換する公式で，逆だからマイナスをつける。

$\displaystyle\int_{a}^{b}f(x)\,dx+\int_{b}^{c}f(x)\,dx=\int_{a}^{c}f(x)\,dx$ は a から b と b から c の合体なので a から c まで一気に積分できる。

問65　$\displaystyle\int_{-3}^{-1}(3x^2-6x)\,dx+\int_{-1}^{2}(3x^2-6x)\,dx=\int_{-3}^{2}(3x^2-6x)\,dx$　　$\leftarrow \displaystyle\int_{-3}^{-1}+\int_{-1}^{2}=\int_{-3}^{2}$

$=\left[x^3-3x^2\right]_{-3}^{2}=\left[x^3\right]_{-3}^{2}-3\left[x^2\right]_{-3}^{2}$

$=2^3-(-3)^3-3\{2^2-(-3)^2\}=8+27-3(4-9)=35+15=\mathbf{50}$　　$\leftarrow$項別に代入

練習105

(1) $\displaystyle\int_{1}^{2}(x+5)\,dx+\int_{2}^{3}(x+5)\,dx=\int_{1}^{3}(x+5)\,dx$

$=\left[\dfrac{1}{2}x^2+5x\right]_{1}^{3}=\dfrac{1}{2}\left[x^2\right]_{1}^{3}+5\left[x\right]_{1}^{3}$

$=\dfrac{1}{2}(3^2-1^2)+5(3-1)$

$=\dfrac{1}{2}(9-1)+5\cdot2=4+10=\mathbf{14}$

(2) $\displaystyle\int_{-3}^{1}(2x-4)\,dx+\int_{1}^{2}(2x-4)\,dx=\int_{-3}^{2}(2x-4)\,dx$

$=\left[x^2-4x\right]_{-3}^{2}=\left[x^2\right]_{-3}^{2}-4\left[x\right]_{-3}^{2}$

$=2^2-(-3)^2-4\{2-(-3)\}$

$=4-9-4\cdot5$

$=-6-20=\mathbf{-26}$

(3) $\displaystyle\int_{1}^{2}(x^2+3)\,dx+\int_{2}^{3}(x^2+3)\,dx=\int_{1}^{3}(x^2+3)\,dx$

$=\left[\dfrac{1}{3}x^3+3x\right]_{1}^{3}=\dfrac{1}{3}\left[x^3\right]_{1}^{3}+3\left[x\right]_{1}^{3}$

$=\dfrac{1}{3}(3^3-1^3)+3(3-1)$

$=\dfrac{1}{3}(27-1)+3\cdot2=\dfrac{26}{3}+6=\dfrac{44}{3}$

(4) $\displaystyle\int_{-2}^{3}(6x^2-4x)\,dx-\int_{2}^{3}(6x^2-4x)\,dx$

$\displaystyle=\int_{-2}^{3}(6x^2-4x)\,dx+\int_{3}^{2}(6x^2-4x)\,dx$　　$\leftarrow \displaystyle\int_{a}^{b}f(x)\,dx$

$\displaystyle=\int_{-2}^{2}(6x^2-4x)\,dx=\left[2x^3-2x^2\right]_{-2}^{2}$　　$=-\displaystyle\int_{b}^{a}f(x)\,dx$

$=2\left[x^3\right]_{-2}^{2}-2\left[x^2\right]_{-2}^{2}=2\{2^3-(-2)^3\}-2\{2^2-(-2)^2\}$

$=2(8+8)-2\cdot0=\mathbf{32}$

注意　(4)において，次の公式により，$\displaystyle\int_{-2}^{2}(6x^2-4x)\,dx=12\int_{0}^{2}x^2\,dx$ としてもよい。

n：奇数のとき　$\displaystyle\int_{-a}^{a}x^n\,dx=0$,　　n：偶数のとき　$\displaystyle\int_{-a}^{a}x^n\,dx=2\int_{0}^{a}x^n\,dx$

66 面　積(1)

考え方　$y=f(x)$ と x 軸，$x=a$，$x=b$ で囲まれた部分の面積 S は，$f(x)\geqq0$ $(a\leqq x\leqq b)$ であれば

$S=\displaystyle\int_{a}^{b}f(x)\,dx$ である。面積を求めるときは，グラフをかいておよその部分の確認をするとよい。

問66

$y=-x^2+9$ のグラフは右の図のようになる。
よって，

$$S=\int_{-2}^{1}(-x^2+9)dx=\left[-\frac{1}{3}x^3+9x\right]_{-2}^{1}$$

$$=-\frac{1}{3}\left[x^3\right]_{-2}^{1}+9\left[x\right]_{-2}^{1}=-\frac{1}{3}\{1^3-(-2)^3\}+9\{1-(-2)\}$$

$$=-\frac{1}{3}(1+8)+9\cdot3=-3+27=\mathbf{24}$$

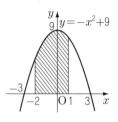

← $y=-x^2+9$ のグラフは頂点 (0, 9) で上に凸の放物線である。

練習106

(1)　$y=x^2+2x=x(x+2)$ のグラフは下の図。
よって，

$$S=\int_{1}^{3}(x^2+2x)dx$$

$$=\left[\frac{1}{3}x^3+x^2\right]_{1}^{3}$$

$$=\frac{1}{3}(3^3-1^3)+(3^2-1^2)$$

$$=\frac{26}{3}+8=\frac{\mathbf{50}}{\mathbf{3}}$$

(2)　$y=-x^2+4$ のグラフは右の図。よって，

$$S=\int_{-1}^{1}(-x^2+4)dx$$

$$=\left[-\frac{1}{3}x^3+4x\right]_{-1}^{1}$$

$$=-\frac{1}{3}\{1^3-(-1)^3\}+4\{1-(-1)\}$$

$$=-\frac{2}{3}+8=\frac{\mathbf{22}}{\mathbf{3}}$$

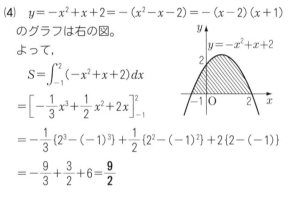

(3)　$y=-x^2+2x=-x(x-2)$ のグラフは右の図。
よって，

$$S=\int_{0}^{2}(-x^2+2x)dx$$

$$=\left[-\frac{1}{3}x^3+x^2\right]_{0}^{2}$$

$$=-\frac{1}{3}(2^3-0^3)+(2^2-0^2)$$

$$=-\frac{8}{3}+4=\frac{\mathbf{4}}{\mathbf{3}}$$

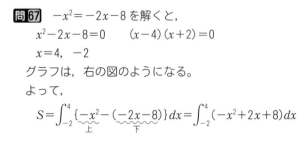

(4)　$y=-x^2+x+2=-(x^2-x-2)=-(x-2)(x+1)$ のグラフは右の図。
よって，

$$S=\int_{-1}^{2}(-x^2+x+2)dx$$

$$=\left[-\frac{1}{3}x^3+\frac{1}{2}x^2+2x\right]_{-1}^{2}$$

$$=-\frac{1}{3}\{2^3-(-1)^3\}+\frac{1}{2}\{2^2-(-1)^2\}+2\{2-(-1)\}$$

$$=-\frac{9}{3}+\frac{3}{2}+6=\frac{\mathbf{9}}{\mathbf{2}}$$

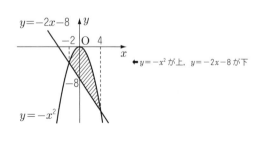

67　面　積(2)

考え方　2曲線 $y=f(x)$，$y=g(x)$ で囲まれた部分の面積は，2つの曲線の上下関係をグラフで確認してから，積分の計算に入るとよい。面積 S は次のように覚えるとよい。

$$S=\int_{a}^{b}\{(上)-(下)\}dx$$

問67　$-x^2=-2x-8$ を解くと，

$$x^2-2x-8=0\qquad(x-4)(x+2)=0$$

$$x=4,\ -2$$

グラフは，右の図のようになる。
よって，

$$S=\int_{-2}^{4}\{\underbrace{-x^2}_{上}-\underbrace{(-2x-8)}_{下}\}dx=\int_{-2}^{4}(-x^2+2x+8)dx$$

← $y=-x^2$ が上，$y=-2x-8$ が下

$$= \left[-\frac{1}{3}x^3 + x^2 + 8x \right]_{-2}^{4}$$

$$= -\frac{1}{3}\{4^3 - (-2)^3\} + \{4^2 - (-2)^2\} + 8\{4 - (-2)\}$$

$$= -\frac{72}{3} + 12 + 8 \cdot 6 = -24 + 12 + 48 = \mathbf{36}$$

練習107

(1) $x^2 - 3 = 2x$ を解くと、

$x^2 - 2x - 3 = 0$

$(x-3)(x+1) = 0$

$x = 3,\ -1$

グラフは右の図のように
なる。

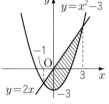

よって、

$$S = \int_{-1}^{3} \{2x - (x^2 - 3)\} dx$$

$$= \int_{-1}^{3} (-x^2 + 2x + 3) dx$$

$$= \left[-\frac{1}{3}x^3 + x^2 + 3x \right]_{-1}^{3}$$

$$= -\frac{1}{3}\{3^3 - (-1)^3\} + \{3^2 - (-1)^2\} + 3\{3 - (-1)\}$$

$$= -\frac{28}{3} + 9 - 1 + 3(3+1) = -\frac{28}{3} + 8 + 12 = \mathbf{\frac{32}{3}}$$

(2) $x^2 = -x^2 + 2x$ を解くと、

$2x^2 - 2x = 0$

$2x(x-1) = 0$

$x = 0,\ 1$

グラフは右の図のようにな
る。

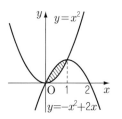

よって、

$$S = \int_{0}^{1} (-x^2 + 2x - x^2) dx$$

$$= \int_{0}^{1} (-2x^2 + 2x) dx$$

$$= \left[-\frac{2}{3}x^3 + x^2 \right]_{0}^{1}$$

$$= -\frac{2}{3}(1^3 - 0^3) + (1^2 - 0^2)$$

$$= -\frac{2}{3} + 1 = \mathbf{\frac{1}{3}}$$

注意　$ax^2 + bx + c = 0$ の解が $x = \alpha,\ \beta$ のとき、次の式が成り立つ。

$$\int_{\alpha}^{\beta} (ax^2 + bx + c) dx = -\frac{a}{6}(\beta - \alpha)^3$$

これを用いると(1)は

$$S = \int_{-1}^{3} (-x^2 + 2x + 3) dx = -\int_{-1}^{3} (x+1)(x-3) dx$$

$$= \frac{1}{6}\{3 - (-1)\}^3 = \frac{1}{6} \cdot 4^3 = \frac{32}{3}$$

となる。

48

Obunsha